智慧健康养老系列教材

老年心理学概论

(第二版)

主　编　张伟新　王　港　刘　颂
副主编　杨莉萍
编　委　吴慧红　周　薇　应荣华　刘甜芳

南京大学出版社

图书在版编目(CIP)数据

老年心理学概论 / 张伟新，王港，刘颂主编. -- 2版. — 南京：南京大学出版社，2023.8(2025.7重印)
ISBN 978-7-305-27023-9

Ⅰ. ①老… Ⅱ. ①张… ②王… ③刘… Ⅲ. ①老年心理学－概论 Ⅳ. ①B844.4

中国国家版本馆CIP数据核字(2023)第092900号

出版发行	南京大学出版社
社　　址	南京市汉口路22号　　邮　编　210093
书　　名	老年心理学概论 LAONIAN XINLIXUE GAILUN
主　　编	张伟新　王　港　刘　颂
责任编辑	尤　佳　　　　　　编辑热线　025-83592315
照　　排	南京南琳图文制作有限公司
印　　刷	江苏苏中印刷有限公司
开　　本	787 mm×1092 mm　1/16 开　印张 10.5　字数 224 千
版　　次	2023年8月第2版　2025年7月第2次印刷
ISBN	978-7-305-27023-9
定　　价	42.00元

网址：http://www.njupco.com
官方微博：http://weibo.com/njupco
官方微信号：njupress
销售咨询热线：(025) 83594756

* 版权所有，侵权必究
* 凡购买南大版图书，如有印装质量问题，请与所购
  图书销售部门联系调换

前　言

当前，我国已进入人口老龄化的快速发展时期，党中央、国务院高度重视老龄工作，把它作为一项民生工程来关爱老年人的生存状况和身心健康。随着老年人口的不断增加，老龄化带来了很多新情况、新问题，对经济社会发展的影响日益深刻，老年人身心健康及由此而引发的各种问题也日益突出。如何进一步关注老年人的心理健康和精神需求，了解老年人心理特点，掌握老年心理发展规律，普及老年心理学知识，使老年人更好地适应环境变化，提高老年人的健康水平，已成为摆在我们面前亟待思考的重要课题。

为贯彻落实党的二十大会议精神，积极应对人口老龄化，加快老年心理学科的发展，不断满足老年人持续增长的服务需求，在中国老龄事业发展基金会和江苏省老年学学会领导下，我们组织南京师范大学、南京邮电大学和河海大学的心理学、社会学和老年学等专家，成立了专项课题组，共同编写这本《老年心理学概论》。

《老年心理学概论》以心理学基本理论和框架为基础，采用创新的研究性教学视角，从老年期个体的感知、记忆、思维、意志、情绪、情感、性格等方面，阐述和分析了老年人心理的生理基础及其特征和发展的过程、规律，在全面介绍了学习老年心理学所需的基础知识的同时，集聚众多老龄工作者的经验，探讨了老年人的生活经历、家庭和社会环境对心理健康的影响，以此增强对老年心理健康的重要性和紧迫性的认识，为构建和谐自我、和谐家庭、和谐社会提供服务。

《老年心理学概论》共九章。第一章是老年心理学概述；第二章至第八章是老年心理学的基础知识；第九章是学习并掌握老年人心理调整和适应的方法及技巧。该书紧密结合实际，内容丰富，凝聚了课题组各位领导和专家的研究成果。本书各章节中的"开篇案例""心理关爱小贴士""关键术语"及"分析思考题"等具有一定特色，为本书增添了趣味性和实用性。

本书由张伟新负责全书统稿工作，具体章节编写分工如下：第一章：刘甜芳、杨莉萍；第二章及第三章：刘颂；第四章及第八章：应荣华；第五章及第六章：吴慧红；第七章：王港；第九章：周薇。刘颂负责本版次的内容修订工作。

课题组在组织专家编写的过程中，得到了江苏省慈善总会、江苏省老龄办和南京师范大学心理学院的关心和支持，在此表示衷心感谢！本书出版得到南京大学出版社的大力支持和帮助，也在此深表感谢！

由于我们水平有限，书中还有一些疏漏与不足之处，欢迎大家批评指正。

江苏省老年学学会精神关爱专委会
《老年心理学概论》课题组
2023 年 5 月

目 录

第一章　老年心理学概述 … 1
　第一节　老化的概念与理论 … 2
　第二节　老年心理学研究的对象与内容 … 3
　第三节　老年心理学的研究方法 … 5
　第四节　老年心理学的研究历史 … 10
　第五节　老年心理学的学科归属 … 12
　第六节　老年心理学的新发展 … 13

第二章　老年人的感知觉 … 19
　第一节　感觉的基础理论 … 19
　第二节　知觉的基础理论 … 28
　第三节　老年人感知觉的特点 … 32
　第四节　心理关爱的方法 … 34

第三章　老年人的记忆 … 37
　第一节　记忆的基础理论 … 37
　第二节　老年人记忆的特点 … 41
　第三节　记忆老化的主要理论 … 44
　第四节　心理关爱的方法 … 48

第四章　老年人的语言和思维 … 52
　第一节　语言的基础理论 … 52
　第二节　老年人的语言特征 … 55
　第三节　思维的基础理论 … 59
　第四节　老年人的思维特征 … 60

第五章　老年人的智力与创造力 … 66
　第一节　智力的基础理论 … 67
　第二节　老年人智力发展特点及影响因素 … 72
　第三节　老年人的创造力 … 77

第四节　老年人智力的开发和创造力培养 ··· 81

第六章　老年人的情绪情感 ·· 87
　　第一节　情绪情感的基础理论 ··· 88
　　第二节　老年人情绪情感的变化规律 ··· 94
　　第三节　老年人的健康与情绪管理 ··· 96

第七章　老年人的性格 ··· 104
　　第一节　性格的基础理论 ··· 104
　　第二节　老年人的性格特点 ··· 107
　　第三节　如何应对老年人的性格变化 ··· 115

第八章　老年人的动机 ··· 119
　　第一节　动机的基础理论 ··· 120
　　第二节　老年人的主要动机 ··· 127
　　第三节　动机与意志的发展规律及应对策略 ······································· 133

第九章　老年人的心理健康 ··· 138
　　第一节　健康心理学概述 ··· 139
　　第二节　生活与心理健康 ··· 144
　　第三节　环境与心理健康 ··· 148
　　第四节　心理偏差与疏导保健 ··· 150
　　第五节　心理障碍与治疗 ··· 152
　　第六节　老年认知障碍及关爱策略 ··· 154

附录 ··· 158

参考文献 ··· 159

第一章 老年心理学概述

——不必因老化而绝望,老年也可以活得精彩。

> 学习目标 <

1. 理解老化的概念和理论。
2. 明确老年心理学的对象和内容。
3. 掌握老年心理学的研究方法。
4. 了解中西方老年心理学研究的历史。
5. 明辨老年心理学与相关学科的关系。
6. 探索老年心理学研究的新动向。

> 开篇案例 <

美国艺人贝蒂·怀特(Betty White)庆祝89岁生日后所拥有的,在她自己看来就是她一生的职业。她现在主演热播美剧《魅力克里夫兰(第三季)》(*Hot in Cleveland*);她写了一本新书《如果你问我(当然你不会问)》[*If You Ask Me（And of Course You Won't*)],也将完成另一本著作;在被问到自己的性格时,她不知如何回答,但她同事们却滔滔不绝。他们说她是个工作狂,她自己也回应说:"以前总放弃各种尝试,所以我一直想克服这个缺点。"也有人说她非常独立,无需他人多少帮助也能照顾好自己。她的合作主演者温蒂·麦丽克(Wendie Malick)说她是个名副其实的中西部人(Midwestern),这个地区的人从小就被教导要照顾好自己,要准时赴约,要以最佳的态度对待事物。怀特太太膝下无子,她的母爱都用在了无数的动物身上,这些动物有自己家养的,也有动物园的。尽管与别人的关系都很好,她还是希望有一个属于自己的爱人。她的"人生至爱"(love of her life)是她第三任丈夫艾伦·路登(Allen Ludden),他死于1981年,自那之后贝蒂·怀特就一直单身。她在文章中写道:"我是一个动物爱好者,除了什么美洲豹。"[①]

人生的老年阶段被视作一个不可避免的角色、关系等的退出时期,脱离或中断是老化过程的最主要的结果。我们想知道:个体进入老年期后心理会出现哪些变化? 如何

---

① Gergen K, Gergen M. Betty White: Facing Age with a Saucy Wink[J]. Positive aging newsletter, 2012(1).

客观准确地描述这些变化？为什么会出现这些变化？哪些因素影响这些变化的发生？有没有可能改善甚至利用这些变化，等等。这些问题属于老年心理学的研究范围，也是本书想要回答的问题。

第一节 老化的概念与理论

一、老化的概念

无论是动物还是植物，都有其物种所特有的寿命，经过一定的生命周期而至死亡。广义的老化(aging)是指年龄的增长，是生物个体生命发展的必然过程。狭义的老化是指个体在成熟期后的生命过程中所表现出来的一系列形态以及生理、心理功能方面的退行性变化，是一切生物个体生命发展的必经阶段和必然结果。

史特勒(Stehler)[①]认为，生物个体的老化遵循一定的共同规律：① 普遍性，老化现象普遍存在于生物中，虽有迟速之差，但不可避免地都会发生。② 内在性，老化是个体内在固有的，是按本来的遗传结构规定下来的一种过程。③ 进行性，相对于突发性变化来说，老化现象通常被理解为一种缓慢的过程，且有着不可逆性，一经出现就不能再复原。④ 有害性，老化过程最明显的特征是个体生理功能的下降，导致个体无法应对环境的变化，直至最终死亡来临。

二、心理老化

老化既包括生理上的衰退，也包括心理上的变化。作为老年心理学，我们主要关注个体进入老年期在心理上发生的变化。

对于老年期发生的心理变化，主要有两种截然不同的观点。老年丧失观认为，老年期的心理变化只有衰退，没有发展，是一生获得的丧失时期。老年期间所丧失的内容包括"身心健康""经济基础""社会角色"和"生活价值"，并把这些对人生具有重大意义的事物的相继丧失认定为老年丧失期的基本特征。老年丧失观认为，人的心理先随着年龄的增长而发展，进入老年期后，则随年龄增长而衰退。这反映了个体心理发展的常规趋势，应当予以应有的重视。但是，这种观点把人等同于低级的生物体，过于注重生物机体的变化和年龄因素对心理变化的影响，而把心理发展看作简单的线性上升或下降，这不符合人的心理发展的复杂性和客观规律，是不可取的。

毕生发展观提出了一系列心理发展的新观点，强调人到成年期以后，心理仍继续发展，是一种积极、乐观的老年心理变化观，应予以充分的肯定。但是，这种理论对于老年

[①] 长谷川和夫，霜山德尔. 老年心理学[M]. 车文博，戚立夫，熊新新，等译. 哈尔滨：黑龙江人民出版社，1997.

期心理变化的下降和衰退这一总趋势,未能予以足够的重视。我们应该更加全面、科学地认识老年期心理发展变化的客观规律。

三、老化的理论

为探索老化的原因,研究者提出各种老化学说。研究心理老化主要从两个层面进行:一是从个体出发,主要研究个体的老化过程,如遗传说和行为老化说;二是从个体与社会关系或外部环境出发,强调老化是个体与社会相互作用的结果,主要有疏离说。

1. 遗传说

遗传说认为,精神机能的老化、行为的变化以及随年龄增长而出现的心理变化都是由遗传基因决定的,衰老是按遗传程序实现的,是有规律的退化。如有研究显示,双亲的寿命与子女的寿命有很高的相关度。

2. 行为老化说

行为老化说认为,老年行为的退行性变化主要是由心理功能的退化引起的,主要反映在行为的变化之中,具体表现为随着年龄的增长,对刺激的反应时间延长,学习能力、理解力减弱,记忆力逐渐衰退等。

3. 疏离说

疏离说认为,老年人与社会的脱离是造成个体老化的主要原因。随着年龄的增加,老年人的社会活动变少,他们的人际交流渐次减少,与周围环境的联系逐渐减弱。反过来,人与外部环境关系的变化引起个体内部发生变化,导致人与环境疏远。

第二节 老年心理学研究的对象与内容

老年心理学是发展心理学的一个组成部分,其研究对象是老年期的个体或群体。由此,我们可将老年心理学定义为研究老年期个体和群体在增龄老化过程中的心理特征及其变化规律的心理学分支学科。

老年心理学研究的具体内容可分为五个方面:老年人的认知,老年人的情绪与情感,老年人的需要、动机与意志,老年人的个性与能力和老年人的心理健康。

1. 老年人的认知

认知是对作用于人的感觉器官的外界事物进行信息加工的过程,是人获取知识和运用知识的心智活动,包括感觉、知觉、记忆、言语、思维、想象等心理现象。人对世界的认识始于感知觉。人体的五官(眼、耳、嘴、鼻和皮肤)是人与外部世界接触的主要感觉系统。人通过感觉获取事物的个别属性,如颜色、声调、气味、软硬等。而通过知觉(perception)则能认识事物的整体及其与他物关系,如一张纸、一本书、一个人等。感知过的经验被存储在人脑,必要时借助记忆将需要的信息提取出来,即记忆。在此基础上,我们还通过象征、推理、顿悟、问题解决等心智活动认识事物的本质和规律,这需要借助思维和想象活动。此外,语言在人的认知活动中也扮演着重要的角色。

2. 老年人的情绪与情感

人在认识世界的时候,总以某种态度来看待对象,内心会产生某种特殊的体验,或悲或喜、或愉快或沮丧等,产生这些心理现象的历程则为情绪(emotion)过程。情绪与情感(feeling)都是人对客观外界事物的态度体验,这种体验被称为感情(affection)。情绪是指感情反映的过程,而情感则用于描述具有深刻而稳定的、具有社会意义的感情,如对祖国的热爱、对敌人的仇恨;对美的欣赏、对丑的厌恶;为自己感到的自豪、自卑等。

3. 老年人的需要、动机与意志

动机是激发个体朝着一定的目标并维持这一活动的内在心理过程或动力。动机产生于需要,人的需要会推动人去寻找满足需要的对象。需要是指有机体感到某种缺乏而力求获得满足的心理倾向,是有机体自身和外部生活条件的要求在头脑中的反映。此外,内驱力、诱因和情绪也可激发活动的动机。人在活动中设置一定的目的来调节和支配行为,并按计划不断排除各种障碍,克服困难和挫折,实现预定目的的心理过程则为意志过程。

4. 老年人的个性与能力

能力是顺利有效地完成某种活动所必须具备的心理条件,是个体的一种心理特征。智力是人的一种认知能力,这种能力是人从事任何活动都必须具备的最基本的心理条件,例如观察力、理解力、记忆力、思维力、想象力等,思维力是智力的支柱和核心,代表着智力发展的水平。个性或人格(personality)是各种心理特性的总和,也是各种心理特性的一个相对稳定的组织结构,在不同的时间和地点,它都影响着一个人的思想、情感和行为,使他具有区别于他人的、独特的心理品质。

5. 老年人的心理健康

健康是指身体上、心理上和社会上的完好状态,而不仅仅指没有损伤和疾病。心理健康是指人的基本心理活动的过程内容完整、协调一致。具体而言即认知、情绪、意志、行为、个性完整,有正常的调控能力,能适应社会的发展。吴振云[①]将老年心理健康的理论框架确定为:性格健全,开朗乐观;情绪稳定,善于调适;社会适应良好,能应对应激事件;有一定的交往能力,人际关系和谐;认知功能基本正常。

老化现象普遍发生于生物个体中,一般而言,60 岁或 65 岁被医学和生物学认为是老年期的开始。老年期个体最突出的特点是身体各器官组织出现明显的退行性变化,衰老现象逐渐明显。与此同时,心理方面也发生相应的改变,如感知觉减退或迟钝,记忆衰减甚至出现记忆障碍,液体智力降低但晶体智力不变或增长,等等。人在步入老年期后的认知、情绪与情感、动机与意志、能力与个性、心理健康究竟会出现哪些变化或具有哪些特点或规律,以及如何帮助老年人应对这些变化,是本书要回答的主要问题,也是本书的主要内容。

---

① 吴振云. 老年心理健康的内涵、评估和研究概况[J]. 中国老年学杂志,2003,23(12):799-801.

第三节 老年心理学的研究方法

老年心理学的研究方法诸多,大致可分为量化研究方法和质化研究方法两种。

一、量化研究方法

量化研究是指在研究中运用调查、测量、实验等量化手段来收集和分析研究资料,判断研究现象的性质,发现内在规律,检验理论假设的研究。根据研究的目的不同,量化研究方法可分为描述研究、相关研究和实验研究。

1. 描述研究

描述研究是对心理与行为进行描述以确定某心理现象的事实和特点,即描述发生了什么,但不解释为什么。调查法、自然观察法和个案法都属于描述研究。

调查法是以提问的方式,要求被调查者就某个或某些问题回答自己的想法。调查法可用于描述被调查者的机体变量(如性别、年龄、受教育程度、职业、经济状况等)、反应变量(如对问题的态度、期望、信念等)以及它们之间的关系。老年心理学最常用的调查法是问卷法,即研究者根据研究要求,设计问题列表让被调查者填写以收集资料的一种方法。该方法的优点是能在同一时间大范围地收集同类型的资料,缺点是发出去的问卷难以全部回收,只能得到被调查者对问题相对完整的回答,等等。

自然观察法即在自然情境中对个体的言谈、行为和标签等进行有目的、有计划的观察,以了解其心理活动的方法。观察法较方便易行,所得结果较真实。但也有一定的局限,即观察者经常处于消极等待的被动地位;只能考察被试者的心理活动的某些外部表现;不易做定量分析;观察所得的材料有时具有偶然性、片段性和不精确性。

个案法是对某一个体或群体在较长时间内(数月、数年或更长时间)连续进行调查、了解、收集全面的资料,研究其心理发展变化的全过程的方法。个案法具有实际性、适时性和多样性的特点。其缺点是难以选择典型的个案,所收集到的资料往往缺乏可靠性,研究结论也只能用于解释个别情况。

2. 相关研究

相关法是指通过测量来发现事物之间关系的方法。相关(correlation)是两个事件、两种测量或两个变量之间存在着一致而有序的关系。事物之间的相关强度和方向通常用相关系数来表达,分为正相关、负相关和无相关。正相关是一种测量的增加伴随着另一种测量的增加,或一种测量的减少伴随着另一种测量的减少;负相关是一种测量的增加伴随着另一种测量的减少,或一种测量的减少伴随着另一种测量的增加;无相关即没有上述两种关系。相关法的优点在于能表明两种或多种事物或心理现象之间存在某种程度的相关性;可进行预测;可用于实验室、临床或自然状态下的研究。相关法的缺点在于难以进行控制;相关可能是巧合;不能证实因果关系。

在采用相关法时要特别注意，数理统计意义上的相关关系在现实中有可能未必存在。例如太阳黑子在过去20年间逐年增长，中国经济在过去20年间逐年增长，但如果有人从中得出中国经济增长导致了太阳黑子增多或者太阳黑子增多导致了中国的经济增长之类的结论，大家也许会感到可笑。这一结论只不过是把两个同样有时间趋势的事情联系在了一起，从趋势上两者确实是一起移动的，但实际上却没有任何关系。这种现象在计量经济学中被称作伪回归或者伪相关。

3. 实验研究

实验法是在控制的条件下观察、测量和记录个体行为的一种研究方法，是科学研究中因果研究的主要方法。实验研究的目的是要确定变量间的函数关系，证实变量间因果关系的假设。在一项实验中，研究者选定并在实验中加以操纵变化以影响被试行为的因素称为自变量，而被试的反应即研究者预测的行为称为因变量。每个实验至少要有一个自变量和一个因变量。实验是在高度控制的条件下进行的，除自变量对因变量的影响外，所有的其他因素都要保持恒定或加以控制。因此，可以说实验的成败取决于研究者对无关变量的控制。无关变量也称控制变量，即与自变量同时影响因变量的变化但与研究目的无关的变量。

实验法可分为实验室实验法和自然实验法。实验室实验法是指在实验室内利用一定的设施，控制一定的条件，并借助专门的实验仪器进行研究的一种方法，目的是探索自变量和因变量之间的关系。实验室实验法便于严格控制各种因素，并通过专门仪器进行测试和记录实验数据，一般具有较高的信度，多用于研究心理过程和某些心理活动的生理机制等方面的问题。但对研究个性心理和其他较复杂的心理现象，这种方法仍有一定的局限性。

自然实验法是在日常生活等自然条件下，有目的、有计划地创设和控制一定的条件来进行研究的一种方法。自然实验法比较接近人的生活实际，易于实施，又兼有实验法和观察法的优点，所以这种方法被广泛用于研究教育心理学、儿童心理学和社会心理学课题。

二、质化研究方法

1. 质化研究的概念及理论基础

质化研究以研究者本人作为研究工具，在自然情境下，采用多种资料收集方法对社会现象进行整体性探究，使用归纳法分析资料和形成理论，通过与研究对象互动对其行为和意义建构获得解释性的理解。

一般认为，质化研究主要基于三种"另类范式"即后实证主义、批判理论和建构主义。后实证主义是一种"批判的现实主义"，认为客观实体是存在的，但其真实性不可能被穷尽。客观真理虽然存在，但不可能被人所证实。我们所了解的"真实"只是客观实体的一部分或一种表象，所谓"研究"就是通过一系列细致、严谨的手段和方法对不尽精确的表象进行"证伪"而逐步接近客观真实。

批判理论是一种"历史的现实主义",在本体论上它也承认客观现实的存在,但在认识论上,它认为所谓的"现实"是历史的产物,是在历史发展进程中被社会、政治、文化、经济、种族和性别等因素塑造而成的。因此,研究者的价值观不可避免地会影响到被研究者。研究的目的是通过研究者与被研究者之间的对话和互动来超越被研究者对"现实"的无知和误解,唤醒他们在历史过程中被压抑的真实意识,逐步解除那些给他们带来痛苦和挣扎的偏见,提出新的问题和看问题的角度。这是一种行动型的、带有强烈政治和道德倾向的研究。

建构主义认为,所谓"事实"是多元的,因历史、地域、情境、个人经验等因素的不同而有所不同。因此,用这种方式建构起来的"事实"不存在"真实"与否,而只存在"合适"与否;因为我们只可能判断某一行为或一种想法是否达到了自己的预期,而无法知道它们是否"真实"。研究者与被研究者之间是互为主体的关系,研究结果是由不同主体通过互动而达成的共识,意义并不是客观地存在于被研究的对象那里,而是存在于研究者和被研究者的关系之中,每一次理解和解释都是对原有诠释的再诠释。因此,研究者要做的不是进入被研究者的头脑,而是通过反思"客观"地审视和领会互为主体的"主观"。研究是一个交往各方不断辩证对话而共同建构研究结果的过程,不是为了控制或预测客观现实,也不是为了改造现实,而是为了理解和建构——在人我之间、个体和世界之间、过去和现在之间建构起理解的桥梁。

2. 质化研究方法的主要特点

质化研究方法的主要特点有:① 自然主义的探究传统。质化研究必须在自然情境下进行,对个人的"生活世界"以及社会组织的日常运作进行研究;要求研究者注重社会现象的整体性和相关性,对所发生的事情进行整体的、关联式的考察。② 对意义的"解释性理解"。研究者通过自己的亲身体验,对被研究者的生活故事和意义建构做出"解释性理解"或"领会"。③ 研究是一个演化发展的过程。研究是一个对多重现实(或同一现实的不同呈现)的探究和建构过程。在这个动态过程中,研究者和被研究者双方都可能会变,收集和分析资料的方法会变,建构研究结果和理论的方式也会变,因此,质化研究是一个不断演化的过程,不可能"一次定终身"。④ 使用归纳法。质化研究主要采用的是归纳法,自下而上地收集和分析资料,在原始资料的基础上建立分析类别,从而产生理论假设,后通过相关检验和不断比较逐步充实和系统化。⑤ 重视研究关系。质化研究中研究者自身是研究的工具,研究者通过双方的互动才能对被研究者进行探究,研究者需要对自己的角色、个人身份、思想倾向、与被研究者的关系以及所有这些因素对研究过程和结果所产生的影响进行反省。

3. 质化研究方法的步骤

质化研究方法并非遵循固定不变的线性程序。一般而言,质化研究方法需包含以下步骤:

(1) 选题与设计。在选择研究现象之前要给自己一段较长的时间认真细致地思考自己的兴趣点在哪里以及为什么对这些感兴趣。开始设计时,研究现象的范围应比较宽泛,以免排除其他重要的可能。随着研究的开始和问题的不断深入,可逐步缩小范围,这需要研究者随机应变,不断调整镜头、缩小聚焦的范围。在此过程中要特别注意选择的现象在现有的条件下是否可行。在确定研究现象之后,必须在这个宽泛的领域里找到一个主要的、具体的、可以不断会聚的焦点,即具体要研究的问题。那么什么样的问题适合质化研究?胡德森(Hudeson)从六个方面总结了质化研究问题的特点: ① 不熟悉的问题;② 探索性的问题,研究者对其相关的概念与变量并不清楚;③ 问题具有模糊广泛的背景;④ 探求研究问题的意义比数量更为重要;⑤ 问题是意外的发现或突然地降临;⑥ 问题属于特殊事件、特殊现象的。从这里我们可以看出质化研究所选择的问题具有特殊性、意外性、模糊性、意义性、陌生性、深层性等特点。

研究设计是研究者事先基于自己对研究现象的初步了解,根据自己所拥有的研究手段、方法、能力、时间和财力等条件因素,为达到研究目的而进行的一个初步的筹划。在质化研究中,设计既非要不可,又必须十分灵活,不能像量化研究那样确定和固定,要根据研究的具体情况做出相应的调整和修改,研究的各个部分之间的关系不是线性的,而是一个循环往复、不断演进的过程。质化研究设计模式主要有基于建构主义的探究循环设计模式、基于批判理论的宏观批评、生态探究设计模式、互动设计模式等。

(2) 抽样。在确定研究问题时,还应考虑研究对象的抽样问题。在质化研究中,抽样不仅包括被研究者,还包括时间、地点、事件和研究者收集的原始资料。抽样对象确定后需决定采取什么样的抽样方式。与量化研究不同,质化研究不可能(也不需要)进行随机抽样。质化研究的目的是就某个问题进行比较深入的探讨,因而样本一般较小,通常采取的是"目的性抽样",即抽取那些能够为本研究问题提供最大信息量的人或事。

(3) 研究资料的收集。质化研究选择资料的一条基本原则是:只要这些"东西"可为研究目的服务,可用来回答研究的问题,就可作为研究的"资料"。质化研究资料收集的方法主要有观察、访谈、实物分析、口述史、叙事分析等。选择收集资料的方法在很大程度上取决于研究的问题、目的、情境和有可能获得的资源,即在特定的时空环境下使用这些方法是否可收集到回答研究问题所需的资料。至于资料收集何时结束,一般可参考以下标准:资料达到饱和,与前面收集的资料出现重复,没有新信息出现;研究者对当地的情况失去敏感性;资料分析比较密集,分析的理论框架越来越精细,等等。

(4) 资料的整理与分析。质化研究中资料的整理与分析是不可分的两个阶段,整理的思想基础是分析,分析的操作基础是整理。资料整理的主要方式是归类,归类的基础是建立类属,类属的确定和建立必须通过编码,即将有意义的词、短语、句子等用码号标示出来。

资料分析的方式主要有类属法和情境法。类属法根据"差异理论",认为现实是由相同或不同类型的现象所组成的,须采用并列比较的方法对资料进行归类或按主题分成类别。情境法根据"过程理论",认为现实是由具体的事件和过程所组成的,具有连续性和动态性,因而资料须复原到事物发展的进程之中,寻找处于特定情境中事件发生和发展的动态以及各因素之间共识的联系,将资料按照一定的时间序列或意义关联进行叙述。对分析方式的选择取决于原始资料本身的特点。

(5) 效度检验。量化研究的评估指标一般是以信度和效度来加以衡量的。早期的质化研究工作者回避使用信度、效度这样的概念,以示质化研究与量化研究的区别,质化研究学者发展了自己的一套评估概念及指标体系如"信任度"(Trust worthiness)、"真实度"(Authenticity),以有别于"Validity""Reliabity"。有的学者则认为质化研究可以使用外部效度、内部效度、信度这些概念,但不能采用量化研究中这些概念的定义、分类和评估方法。著名方法学者马克斯韦尔(Maxwell)就发展了一套评估质化研究效度的分类指标体系。他把质化研究效度分为描述效度、解释效度、理论效度、评价效度、推广效度(Generalizational Validity)。质化研究结果的效度检验手段主要有侦探法、证伪法、相关检验法、反馈法、参与者检验法、比较法等。

(6) 研究伦理。质化研究非常关注研究者与被研究者之间的关系对研究的影响,从事研究工作的伦理规范以及研究者个人的道德品质在质化研究中是个非常重要的问题。质化研究不是一门"软科学",只需研究者随机应变即可;它也有自己"坚硬的"道德原则和伦理规范,要求研究者自觉地遵守这些原则和规范。好的伦理和好的方法是同时并进、相辅相成的。遵守道德规范不仅使研究者"良心安稳",还可提高研究本身的质量。伦理道德问题主要包括自愿原则、保密原则、公正合理原则、公平回报原则等。在研究开始设计时就应考虑到可能会犯哪些错误或遇到什么困难,同时设想可能通过什么途径和方式处理和解决这些问题。比如,应明确说明是否会向研究对象承诺对他们的身份严格保密,是否打算与对方分享研究结果,计划如何回报对方的帮助和支持等。

(7) 研究报告的撰写。撰写质化研究报告有很多种方式,要根据研究的问题、目的、收集和分析资料的方法、研究者本人的个性以及读者等方面的不同而有所选择。一般而言,质化研究报告通常包括以下几个部分:① 问题的提出,包括研究的现象和问题;② 研究的目的和意义;③ 背景知识,包括文献综述、研究者的反思、有关研究问题的社会文化背景等;④ 研究方法的选择与运用,包括抽样、进入现场以及与被研究者建立和保持关系的方式、收集和分析资料的方式等;⑤ 研究结果;⑥ 对研究结果的检验,包括效度、伦理道德问题等。

对于质化研究结果呈现的方式主要有两大类,即类属型和情境型。类属型主要使用分类的方法,将研究结果按照一定的主题进行归类,然后分门别类地进行报告。情境型注重研究的情境和过程,按照事件发生的时间序列或事件之间的逻辑关系对研究结果进行呈现。情境法通常将收集到的原始资料以个案的方式呈现出来。个案的内容可以是一个自然发生的故事,也可以是一个按照时间顺序排列的各种事件的组合。类属型和情境型各有利弊,我们也可以结合两种方式,扬长避短。例如,可用类属法作为研究报告的基本结构,同时在每一个类属下面插以小型的个案、故事片段等。

第四节　老年心理学的研究历史

同整个心理学史一样,老年心理学的研究"有一个悠久的过去,但只有一段短促的历史"。说它"悠久"是因为对老年人及老化心理的关注是早在人类存在于地球之时便开始的古老问题。说它"短促"是因为,若以欧美老年心理学研究先驱 G. S. 霍尔(G. S. Hall)1922 年出版的《衰老》(*Senescence: The Last Half of Life*)一书为科学老年心理学诞生的标志,于今才 90 余年;即便以最初对人的一生进行心理学分析、从心理学角度科学地研究老化的第一人 A. 凯特勒(A. Quetelet)1835 年发表的《人及其能力的发展》一文作为近代老年心理学诞生的标志,至今也不到两个世纪。正式使用"老年心理学"(Geropsychology)这个术语则始于 1970 年。

一、国外老年心理学的发展

1. 启蒙期

早在古埃及,就有尊敬和爱戴老人和高龄者的传统。当时,人们仅从外表观察到随年龄增长身体上发生的衰老,就通过咒语和各种仪式进行"心理治疗"。在古希腊,希波克拉底(Hippocrates)提出了气质的四种体液说:多血质、胆汁质、黏液质和抑郁质。他认为人的老化是因为四种体液配合的不协调,因此他提出老年人要坚持熟悉的日常工作,不要突然改变生活习惯,主张用"生活法"来预防疾病。柏拉图认为 60 岁以上的老年人成熟、经验丰富,应献身于国家行政。西塞罗也对老年人持肯定的评价和乐观的态度,他认为老年人的性格更加坚强,判断更加准确。亚里士多德则认为老化是由于天生的体热逐渐被消耗而发生的,他将老年人与年轻人的能力、个性等方面进行比较和对照,发现老年人多疑、悲观、不信任他人、多愁善感、恐慌、冷淡、依赖等。

在文艺复兴以前的中世纪,阿维森纳(Avicenna)将人生分为四个时期:成长期(青年期,0~30 岁),全盛期(美的时期,30~40 岁),老化期(衰退期,40~60 岁)和衰老期(60~死亡)。他认为在衰老期,人的身体活力和精神方面的能力都在衰退。老化是不可避免的,并不是疾病。而培根(Bacon)则认为,老化是一种疾病,是毒害在发生腐败,老化现象还会致使精神技能下降,如失眠、易怒、健忘等。

2. 萌芽期

在近代(16~19 世纪),翟毕(Zerbi)在其所著的《老年医学》一书中阐述了老化的原因、特征和预防老化的方法。他将老年期分为两个时期:30~60 岁为潜在的老年期,60 岁以后为显现的老年期。他认为老人不能孤独,要与人交往,做些力所能及的事,对休养和余暇应持积极的态度。卡纳罗(Cornaro)是活到 102 岁的长寿老人,他将自己的长寿经验汇集成册,指出节食和避免情绪压抑是长寿的关键。

进入 17 世纪文艺复兴后,开始采用观察和实验等实证科学研究方法来研究老年心理。该时期主要的两位贡献者为凯特勒和高尔顿(Galton)。凯特勒受生物学、生理学、医学等诸多学科的影响,采用科学的实证方法研究老年心理,被称为西方"从心理学角度科学地研究老化问题的第一人"。他以年龄为独立变数,采用将观察到的各种从属变数平分到各年龄的方法,试图在量变的典型框架结构中考察人的年龄与业绩及其同各种能力的关系。

英国的高尔顿医生致力于研究身体的特质与才能的遗传,为测量人的发展和年龄上的个别差异设计了新的测验和统计方法,对心理学采用统计和相关法进行研究做出了重要贡献。他开设了人体测定研究室,搜集到从儿童到老人的各年龄层为对象、用各种方法进行测定的宝贵资料,这些资料证明人随年龄增长而发生变化,明确了老化过程中的技能差别和个体差别的程度。

3. 诞生期

心理学家们普遍认为,20 世纪 20 年代,老年心理学才真正成为一门独立科学跻身于科学之林。诞生的标志是现代欧美老年心理学研究先驱霍尔于 1922 年出版《衰老》一书。他首创问卷法研究老化及其死亡心理,划分了人的生命阶段并制成年表。他认为人的各种行为的稳定期是在青春期之后,人到 40 岁开始衰老。他反对仅仅将老化视作人退回早期阶段的一种返归,并强调老化过程存在巨大的个体差异。

美国的 S. L. 普雷西(S. L. Pressey)和 R. G. 屈伦(R. G. Kunlen)1939 年合著的《人的一生——心理学的观察》(*Life, A Psychological Survey*)是对过去 20 年间关于老年人研究的集大成之作,该书特别强调后天的社会经济、文化环境等因素对老化的影响。与此同时,维也纳的 C. 彪勒(C. Biihler)发表了《人的一生:作为心理学的课题》(*Der menschliche lebenenslanfals psychologisches problem*)一文,她搜集了 250 名社会各界名人巨匠的传记、回忆录等材料,从主观体验、客观行为以及综合二者的作品等三个方面进行分析研究,其研究方法和结果给老年人和老化心理研究提供了有价值的启示和参考资料。

4. 发展期

二战以后,老龄人口急剧增长,导致人口的年龄结构发生重大变化,老化日益成为重大的社会问题。1940 年到 1950 年,老化研究在世界范围内形成一股潮流,世界各国的大学和公立研究机构都相继成立并开展了对老化的科学研究。美国于 1945 年建立了"老年协会",于 1946 年创立了该协会的机关刊物《老年学杂志》(*Journal of Gerontology*),该杂志刊登一系列关于老年、老化的生物学、临床医学、心理学、社会学和社会福利等方面的研究成果,介绍世界各国老年学研究组织及其活动动态,登载定期发刊的杂志的论文索引。1954 年,美国在第 62 届心理学会议上成立了美国心理学会的第 20 个分会"成熟和老年分会"(Division on Maturity and Old Age)。1950 年"国际老年学会"(International Association of Gerontology)第一次大会在比利时举行,第二次大会于 1951 年在美国圣路易斯召开,此后每 3 年召开一次。

自二战以来,由于老年人口的迅速增长,老年精神疾病的发病率也不断增加,老年人的社会和心理问题日益突出,因此,美国、德国、加拿大等国对心理活动老化的实验研究和结合临床的老年心理工作研究迅速发展。自20世纪50年代以来,研究内容上侧重老年人的智力、记忆、学习、认知训练等问题,其次是个性、态度和社会适应方面的研究。据统计,20世纪60年代以来,美国发表的关于老年心理学的文章(书籍)每年达200篇(本)之多,1951年至1980年间只发表了7篇相关的综述文献,而1975年至1981年间共有4057篇关于老化心理的研究文献。

二、我国老年心理学研究

近代科学的老年心理学在我国虽起步较晚,但我国关于老年心理和养生寿老思想却历史悠久。

我国古代就从汉字"老"字的创造、演化或诠释来看待对老年或老化的认识(见《说文解字》)。我国自古至今都重视养生之道及老年保健问题,留传下许多相关的文献,如《内经》《抱朴子·内篇》、嵇康的《养生论》、孙思邈的《千金要方》等。这些文献都闪烁着我国古代关于老年心理的思想和观点:对身心衰老的认识(衰老的生理过程、原因和死亡等)、老年病的种类与防止的原则及方法(如重视治未病、治疗与摄养结合、补虚为主、贵在调理等)、延缓和抗衰老的对策(如勤运动、畅神志、慎起居等)以及长寿的经验,等等。

我国近代老年心理学起步较晚,系统的研究始于20世纪80年代。80年代以来,我国老年心理学研究可分为正常老年人和常见老年病的心理学研究。正常老年人的心理学研究主要包括三个方面[①]:① 心理活动的老化即心理活动的年龄差异研究,内容上集中在老年人的记忆、智力、言语、反应时等问题。② 认知活动的训练研究。③ 老年人的心理状态和心理健康研究包括离退休心理适应、生活满意度和各种消极情绪如焦虑、抑郁、孤独、急躁等。常见老年病的心理学研究主要集中在冠心病、高血压和脑血管病领域。

第五节 老年心理学的学科归属

一、作为心理学的分支学科

心理学是一门研究人类行为和心理过程的科学。心理学通常包括五个子领域:神经(生理)心理学、发展心理学、认知心理学、社会心理学和临床心理学。老年心理学则属于发展心理学的一个分支。

发展心理学是研究心理发展规律的科学,其研究对象是描述心理发展现象,揭示心

[①] 许淑莲. 我国老年心理学研究进展[J]. 中国老年学, 1989, 9(6): 378-380.

理发展规律。发展心理学有广义和狭义之分,广义是指包含研究心理的种系发展(如动物心理学或比较心理学)和个体心理发展。狭义仅指研究个体心理发展,是研究个体从出生到衰老整个发展时期心理发生、发展的规律和特点的科学,它包括儿童心理学、青年心理学、中年心理学和老年心理学等。由此可见,老年心理学是个体发展心理学中的一个组成部分。因而适用于发展心理学的研究方法也可用于研究老年心理学。

二、作为老年学的分支学科

老年学是研究人类个体和群体老龄化的现象、过程、规律及其社会经济影响的一门交叉学科,是在老年医学、老年生物学、老年心理学和老年社会学等边缘性学科产生和发展的基础上形成的一门综合性学科,是一门包括许多分支学科的知识系统,是一个多结构、多层次的学科体系。

老年心理学是老年学这一研究老化现象的综合性科学的知识领域之一,主要从老年人的心理(包括认知、情感、意志、智力、性格、心理健康等)变化发展的角度探索老年人健康长寿的规律。它与整个老年学一样,是人类社会中一门正在发展的学科,具有广阔的前景和生命力。

老年心理学与老年学的其他分支学科之间的联系非常密切。老年生物学研究生物有机体在晚年期生命现象的特征,揭示生物体老化的普遍规律和特殊规律,寻找延缓衰老过程的根本途径。老年医学研究老年期疾病的预防与治疗的方法和手段。老年社会学研究经济、政治和文化对老年人社会化的影响。老年人口学研究社会人口的老化结构和规律,并对老年人口和寿命做出预测。老年心理学与这些老年学的分支学科是相互交叉并相互渗透的,它以老年生物学和老年医学为基础,又是老年社会学、老年人口学的基础学科。老年心理学的研究要揭示心理老化的机制,必须依靠老年生物学与老年医学的知识,以延缓心理老化的过程,注意心理卫生、保持老年人积极健康的心理状态。老年社会学与老年人口学的研究都要根据老年心理老化的规律,提出合理的政策措施,建立适合人口结构的最佳模式。

第六节 老年心理学的新发展

一、健康心理学

1. 健康心理学的概念

健康心理学是运用心理学知识和技术探讨和解决有关保持或促进人类健康、预防和治疗躯体疾病的心理学分支。它主要研究心理学在矫正影响人类健康或导致疾病的某些不良行为,尤其是在预防不良行为与各种疾病发生中发挥的特殊功能;探求运用心理学知识改进医疗与护理制度,建立合理的保健措施,节省医疗保健费用和减少社会损失的途径,以及对有关的卫生决策提出建议。

健康心理学的目标是加强疾病的预防,帮助患者更好地应对疾病,证明心理干预的功效并研究其付出—收益比率,加强医疗机构对心理干预的重视。随着人口老龄化,人群中残疾人及患有严重疾病的人的比重也不断增加,对健康服务及心理社会干预的需求也持续增长。这使寻求有效的方法来改变不健康的生活方式、帮助患者家属提高他们护理老年亲属的能力等成为更加紧急的任务。

2. 老年人心理健康的标准

有人制订了老年人心理健康的标准:① 充分的安全感;② 充分地了解自己;③ 生活目标切合实际;④ 与外界环境保持接触;⑤ 保持个性的完整与和谐;⑥ 具有一定的学习能力;⑦ 保持良好的人际关系;⑧ 能适度地表达与控制自己的情绪;⑨ 有限度地发挥自己的才能;⑩ 在不违背社会道德规范的情况下,个人的基本需要得到一定程度的满足。

3. 健康心理学的基本理论

关于心理健康的观点主要有生物心理社会理论、精神分析理论、人本主义和认知行为理论。

生物心理社会理论认为,人与社会是一个完整的动态系统,包括生物学系统即基因与生理(如器官、组织、细胞),心理系统即经验和行为(如记忆、情绪、动机)和外部的社会系统(如家庭、社区、社会),人及其心理必然与其生活的社会系统发生联系,三个系统相互影响、相互作用,每个系统都影响其他任何一个系统,并同时被任何一个系统影响着。该理论的提出者恩格尔(Engel)在1977年指出,为理解心理健康的决定因素,以及达到合理的治疗和卫生保健模式,必须考虑到病人及其生活在其中的环境以及由社会设计来对付疾病的破坏作用的补充系统,即医生的作用和卫生保健制度。与生物心理社会理论强调生物、心理和社会三大因素一样,文化—养形调神心理健康理论也认为人是一种既有生物特性,又有社会特性,还具有心理特性的实体。人不是一般的动物而是社会的生物体,生活在一定的文化形态、文化背景中,人的心理行为特性受文化的影响最大。而人的形体(身、形)与精神(心、神)又是紧密联系不可分的。当人的生物性与社会性和谐平衡时,心理处于健康状态;二者冲突失衡时,心理出现失常现象,严重时则为心理疾病。

经典精神分析理论是建立在对异常心理研究的基础之上的,它关于心理健康的论说主要体现在S. 弗洛伊德(S. Freud)的人格结构理论中。他提出人的精神是由本我、自我和超我组成的。最原始的本我是与生俱来的,是无意识的结构成分,由先天的本能和基本欲望组成,与肉体相联系,遵循快乐原则。自我是意识的结构成分,处在本我和外部世界之间,它与本我不同,是根据外部世界的需要来活动的,遵循现实原则。超我即道德自我,包括良心和自我理想,它的主要职能是指导自我去限制本我的冲动。在正常情况下,本我、自我和超我处于相对平衡状态之中,这种平衡关系一旦被破坏,就会引发心理病态。治疗心理疾病的关键在于调动自我的作用,建立或维持三者的平衡关系,保持心理健康。

人本主义认为,现代人出现心理健康问题的关键,是因为爱与意志的旧有伦理力量已遭到严重挫伤。现实中个体根据自己的条件做自由选择,潜力才能获得充分发挥。简言之,自由选择是个体保持心理健康和自我实现的先决条件。人本主义的代表人物之一C. R. 罗杰斯(C. R. Rogers)提出的来访者中心疗法认为,任何人在正常情况下都有积极的、奋发向上的、自我肯定的、无限的成长潜力,如果人的自身体验遭到闭塞、丧失或被压抑,人的成长潜力就会受到削弱或阻碍,人就会表现出心理病态和适应困难。如果创造一个良好的环境使个体能与他人正常交往沟通,便可发挥其潜力,改变适应不良的行为和保持心理健康。

认知行为理论认为,引起心理问题(主要是情绪困扰)的不是外界发生的事件,而是人们对事件的态度、看法、评价等认知内容,因而解决心理问题(解除情绪困扰)的关键不在于改变外部事件,而应改变认知,通过改变认知,进而解决心理问题,维持心理健康。该理论的创始人A. 艾利斯(A. Ellis)据此提出了合理情绪疗法,认为人既是理性的,也是非理性的,人在一生中或多或少都带有某些非理性观念,这些非理性观念是导致人心理健康问题的罪魁祸首,因而治疗或提升心理健康的主要途径就是改变人的非理性观念,使之合理化。

二、积极心理学

1. 积极心理学的概念

积极心理学是20世纪末西方心理学界兴起的一股新的研究思潮,创始人是美国当代著名的心理学家马丁·E. P. 塞利格曼(Martin E. P. Seligman)。积极心理学的本质特点是致力于研究普通人的活力与美德,主张研究人类积极的品质,充分挖掘人固有的潜在的具有建设性的力量,促进个人和社会的发展,使人类走向幸福。

据此,可将积极心理学定义为:积极心理学是利用心理学目前已比较完善和有效的实验方法与测量手段,研究人类的力量和美德等积极方面的一股心理学思潮。它要求心理学家用一种更加开放的、欣赏的眼光去看待人类的潜能、动机和能力等。

2. 积极心理学的基本主张

积极心理学主张心理学不应仅对损伤、缺陷和伤害进行研究,也应对力量和优秀品质进行研究;治疗不仅仅是对损伤、缺陷的修复和弥补,也是对人类自身所拥有的潜能、力量的发掘;心理学不仅是关于疾病或健康的科学,也是关于工作、教育、爱、成长和娱乐的科学。塞利格曼提出心理学有三项使命:治疗精神疾病;使人们的生活更加丰富充实;发现并培养天才。就研究对象而言,积极心理学的研究主要分为三个层面:① 在主观层面上,研究积极的主观体验,如幸福感、生活满意度、希望感等。② 在个体层面上,研究积极的个人特质,如爱、勇气、创造性、天赋、智慧等。③ 在群体层面上,研究公民美德和使个体成为具有责任感、利他主义、有道德的公民的社会组织,如健康的家庭、关系良好的社区、有效能的学校等。

积极心理学还提出积极预防的思想,认为预防工作的成功来自个体内部塑造各种能力,而不是修补缺陷。预防的大部分任务是建造一门有关人类力量的科学,其使命是要弄清如何在个体身上培养出积极的品质。积极心理学认为通过发掘并专注于处于困境中的人自身的力量,就能做到有效的预防,而单纯地关注个体身上的弱点和缺陷则无法达到预防的效果。因而心理学研究者的工作是可靠并有效地鉴别和测量积极品质,进行适当的纵向研究来弄清积极品质的形成过程和途径,并进行恰当的干预以塑造这些积极品质。

积极心理学指出目前心理治疗存在三大问题:① 在心理治疗的效果研究中,对各种疗法整体效果的非实验研究所得的结果远大于对某一特定疗法效果的实验室研究所得的结果。② 几乎没有一种心理治疗技术在与另一种心理治疗技术相比较时能显示出显著的特定效果。③ 在几乎所有的心理治疗和药物的研究中都发现明显的"安慰剂"效应。对于这些问题,积极心理学指出,在有效的心理治疗中,治疗师都有意或无意地运用并非为某特定疗法所专有的"技巧"和"深度策略",即所有疗法都具有共性。技巧如关注、权威形象、和睦关系、言语技巧、信任等。深度策略主要有灌注希望、塑造力量和叙述,其内涵均是增强被治疗者的力量,而不仅仅是修复他的缺陷。

3. 成功老化、健康老化和积极老化

如何应对人口老龄化,研究者提出了成功老化的观点,世界卫生组织先后提出了健康老化和积极老化的策略。

(1) 成功老化。1961年哈维赫斯特(Havighurst)提出了成功老化的概念,即长寿和对生活的满意。1979年帕尔默尔(Palmore)将其定义为寿命超过75岁且能保持良好的健康和幸福感。鲍林(Bowling)和迪尔皮(Dieppe)总结了对成功老化定义的三种方式:生理医学法,如长寿、最少的生理损伤或丧失等;心理社会法,如生活满意、参与社会、良好的社会功能等;老年人自己的主观评定,包括心身健康、生活满意、有成就感、有生产性和价值感等。

关于成功老化的理论模型,最具影响的是罗威(Rowe)和卡恩(Kahn)1987年提出的成功老化(Successful Aging,SA)模型和贝尔茨(Baltes)等人1990年提出的选择性最优化(Selective Optimization with Compensation,SOC)模型[1]。SA模型认为,人的老化过程受到内在和外在因素的影响,随着年龄的增长,内在因素的影响逐渐减弱,外在因素的影响逐渐增强。内在因素本身并不决定老年期是否会面临风险,而外在因素反而对老年期是否会面临疾病和功能丧失的风险有重要影响。SA模型包括三个相互作用的成分:避免疾病、功能丧失和风险因素,身体和认知功能的维持,积极参与生活。三个成分相互联系、彼此影响。良好的生理和认知功能提供了参与活动的可能性,积极参加各种活动为生理和认知功能的使用、锻炼和保持提供了场所。成功老化就是这三个成分都表现出最优化。

---

[1] 谭咏风. 老年人日常活动对成功老龄化的影响[D]. 上海:华东师范大学,2011.

SOC模型描述了个体在资源配置过程中如何建立目标并利用相适应的管理策略去达成目标。因而成功老化就是通过对资源的有效管理,达到最大化获得(期望的目标或结果)和最小化丧失(不期望的目标或结果)。管理策略包括选择、最优化和补偿三种方式。选择是指根据可供选择的范围来考虑如何使用有限资源的过程;最优化是指获取、改进和维持那些能达到期望的结果,避免不期望的结果;补偿是由资源丧失引起的一种功能反应,在选择的功能领域资源丧失或目标路径受阻时,需要替代性的过程或手段来维持一定水平的功能以继续达到目标。成功适应是这三个过程交互作用的结果。在SOC的视角下,成功老化就是在老年阶段也能保持成功发展,即个体在与环境互动过程中持续地达到最大化获得和最小化丧失。

(2)健康老化。健康老化是世界卫生组织在1990年为解决人口老龄化问题提出的。该组织指出,如果大多数老年人的生理、心理和社会功能都处于健康状态,那么社会发展就不会受到人口老龄化的影响。健康老化是指个体在进入老年期时,身体、心理、社会、经济等方面的功能保持良好。具体而言,其内涵包括:拥有健康的体魄、健康的心理以及有良好的社会适应能力;拥有普遍的健康意识,整体健康预期寿命延长,与社会融合良好;家庭关系和睦、婚姻和谐,能获得家人的社会支持,生活满意度和幸福感较高;拥有稳定的经济来源;整个社会已形成健康的生活方式,拥有充分的社会财富和资源。

(3)积极老化。世界卫生组织在1996年提出了积极老化的观点,在1999年国际老人年提出了积极老化的口号,2002年联合国第二届世界老龄大会将积极老化作为应对21世纪人口老龄化的政策框架,强调要以尊重老年人的人权为前提,以"独立、参与、尊严、照料和自我实现"为原则,"承认人们在增龄过程中,在生活的各个方面都享有机会平等的权利",建立"一个不分年龄、人人共享的社会"。可见,积极老化中的"积极"是指老年人不仅拥有身体的活动能力或参加体力劳动能力,还要不断参与社会、经济、文化、精神和公民事务,为家庭、社区和国家做出积极的贡献。积极老化的目的在于使人们认识到自己在一生中能够发挥各方面的潜能,按自己的权利、需求、爱好、能力参与社会活动,并得到充分的保护、照料和保障;使老年人能够保持身心健康,提高预期寿命(健康);积极参与社会活动,继续为社会做出贡献(参与);保障生活质量,提高生活水平(保障)。

积极老化的元理论——社会建构论为积极老化乃至整个积极心理学提供了哲学理论基础。从前文对老化的定义可以看出,老化就是不可避免的衰减与退化,由此产生了老年歧视(ageism),这是基于自然主义和本质主义的传统现代社会科学和生物科学对老化研究的必然结果。社会建构论认为,这种消极老化观是人们互动、对话协商的结果,产生于特定时期的特定文化中的人与人之间的相互关系,反映了特定文化和历史的要求。例如,老年学家帕威尔(Powell)从对社会老年学的理论反思的角度研究了老化是如何被社会建构的。他认为老年学是为了应对二战后期人口结构的变化而产生的:一是政府的强制干预,目的是在健康与社会政策方面获得有效的结果;二是受政治经济环境的影响,将老化视作一个"社会问题"。在学术领域,就是功能主义理论的出现。如脱离理论认为,脱离既有利于老化个体,也有利于社会,因为老人不像过去那样有用或可依赖,必须让年轻人担任他们的职位,以保持社会体系的平衡。帕威尔指出,脱离理论在"科学的"客观性的伪装下,主张老人脱离工作角色,这尤其适合于政府基于年龄将谁参加工作和谁不参加工作相关制度合法化。

可见,传统的老化观与当时社会、经济的独特结构有着紧密联系,而随着当今老龄人口不断扩张,老年人的经济与政治基础的强大以及技术力量的迅速发展,老龄人口也正以一种积极的方式进行着自我建构。如世界卫生组织提出积极老化的主题为健康、参与、保障。格根夫妇(Gergen K & Gergen M)提出积极老化运动的三大核心为提升自我、维持和扩展社会关系网络、积极参与社区。

如何学习老年心理学

1. 建立系统的知识框架。本书尽管分为九章,但每一章与其他章节都紧密联系。例如第一章是其余八章的总括或概述,后八章是在第一章的基础上的具体扩展。

2. 多角度地分析。任何研究结果都只是"一种"真实,因而需要多角度地辩证分析,尤其要注意其背后的社会历史文化背景。

3. 学以致用。多与老年群体交流沟通,了解该人群进入老年期的心理状况的变化,并使用自己所学的知识或技术帮助他们提高幸福感和心理健康水平。

▶ **关键术语** ◀

老化、量化研究、质化研究、描述研究、相关研究、实验研究、调查法、自然观察法、个案法、问卷法、相关、伪相关、自变量、因变量、无关变量、实验室实验法、自然实验法、访谈法、实物分析、口述史、叙事分析、情境法、描述效度、解释效度、理论效度、评价效度、推广效度、发展心理学、健康心理学、生物心理社会理论、精神分析理论、人本主义、认知行为理论、积极心理学、成功老化、健康老化、积极老化、社会建构论

▶ **分析思考题** ◀

1. 什么是老化?关于老化的理论有哪些?
2. 老年心理学的研究对象和内容有哪些?
3. 量化与质化研究方法各自有哪些优缺点?
4. 国外老年心理学史经过了哪几个阶段?
5. 老年心理学在心理学学科体系中处于什么位置?
6. 从健康心理学角度分析老年人的健康问题,并举例说明。
7. 什么是积极心理学?它对老年心理的研究有何意义或启示?
8. 社会对老年人形象的常见描述有哪些?它们是如何形成的?

第二章 老年人的感知觉

——自我接受、保持与他人的积极关系、有生活目标、不断进取是我们抵御认知衰老的终极秘密。

▶ **学习目标** ◀

1. 了解感知觉概念和理论。
2. 掌握老年人感知觉变化的特点。
3. 掌握针对老年人的有效的关爱方法。

▶ **开篇案例** ◀

无论是在中国还是在国外,交通事故都是威胁老年人健康及生命安全的致命杀手之一。据我国1991~1995年的一份统计显示,在交通事故死亡率中,全年龄平均数为13.59%,其中男性为19.95%,女性为7.23%。但是60岁以上老年人的交通事故死亡率却远远高出全年龄平均值11.7个百分点,达到25.29%,其中男性为34.85%,女性为15.73%。江苏省2002、2003两年间,全省交通事故死亡人数中老年人分别占17.63%和18.25%。这种情况在全球人口老龄化首屈一指的日本同样如此,如一份来自日本大阪市的统计报告显示,在1984~1993年的十年间,交通事故人口中平均每一万人中非老年人有0.5人,老年人有1.04人,老年人数是非老年人数的2.1倍。换句话说,交通事故死亡人数中,老年人占21%,是老年人口构成比率的两倍。在老年人交通事故中,发生最多的是在老年人过马路时被过往车辆撞倒,其中包括老年人通过人行横道线过马路;其次是老年人因忽略交通信号而诱发悲剧,尤其是在夜间,老年人对交通信号"视而不见"的比率高达60%。

第一节 感觉的基础理论

我们生活在一个绚丽多彩的世界中,无时无刻不在感受着风儿的轻盈、阳光的温暖、歌舞的美妙、亲朋的问候以及食物的芳香,这些就是感觉。我们对世界的认识是从感觉开始的,感觉为我们提供了认识世界的窗口,是我们进入世界而迈出的第一步,是我们一切有意义活动的开始。失去感觉，我们的生活也将随之变得残缺。

一、感觉的概念

所谓感觉，即个体对客观事物的个别属性的反映。个别属性是客观事物最简单的属性，如面对一个苹果，我们用眼睛看到它的表皮是红色的；用鼻子闻到它的清香；用嘴巴尝到它的香甜；用手摸到它的光滑坚硬。这里的红、香、甜、硬就是苹果的个别属性，对它们的认识，即感觉。感觉是一切高级且复杂的心理现象的基础，知觉、思维、记忆、表象、想象等必须借助于感觉提供的基本信息才能进行；需要、动机、兴趣、情感、情绪等也必须以感觉作为基础。没有感觉，这些高级且复杂的心理活动就无从产生。

感觉作为神经系统对刺激的反应，和一切心理现象一样，具有反射的功能。感觉的产生是感受器和效应器共同作用的结果。每一种感觉都有其特定的感受器，感受器接收信息，并通过感觉通道将信息传递到中枢神经的脑区部位，由该部位对信息加以分析后，再把指令发送给效应器执行，从而形成一个完整的反应过程。而效应器做出应答性活动的同时，积极参与获取信息的过程，对所输入的信息加以强化，使整个感觉过程更为合理有效。这个体系我们称之为感觉系统。不同的感觉有不同的感觉系统，如听感觉系统、视感觉系统，它们拥有各自的感受器和所对应的脑区部位。而在同一感觉系统内部，因感受器中神经元及其活动模式的差异，感觉也不尽相同，如糖吃起来甜，柠檬吃起来酸。人的感觉精细而复杂。

1954 年，加拿大麦克吉尔大学的心理学家贝克斯顿（Bexton）等人首次报告的"感觉剥夺"实验结果充分证明了感觉对于我们生活和工作的重要意义。在实验中（如图 2-1 所示），他们设计了一间阻隔了外界一切刺激的特殊小屋，要求被试者安静地躺在里面的一张舒适的床上，戴上眼罩、耳罩和手套，并用硬纸板固定住。躺在床上的被试者听不到一点声音，看不到一丝光亮，也不能触摸挪动，来自外界的刺激完全被"剥夺"了。实验初始，被试者还能安静地睡着，但随后，便开始失眠、烦躁、焦虑、紧张，急切地找寻刺激，试图活动，感觉很不舒服。尽管每参加一天实验能够得到 20 美元报酬，但绝大多数的被试者还是选择退出，实验仅持续了 2~3 天。实验说明，感觉对于人的生存极为重要，它可以让我们得以保持与外界事物的联系，维持机体与外在的信息平衡，保

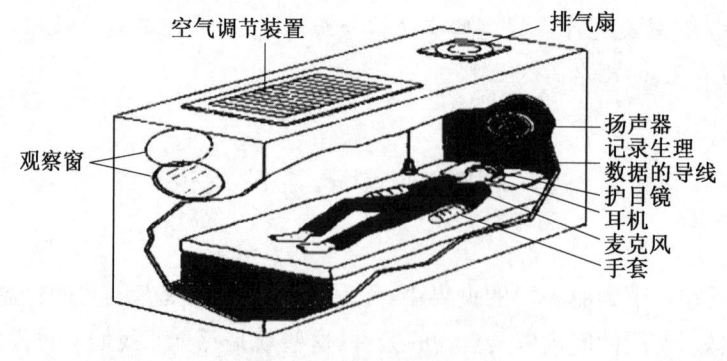

图 2-1 感觉剥夺实验

持正常的生活。

二、感觉的基本特征

1. 绝对感觉阈限和绝对感受性

无论什么感觉都是对刺激的反应,没有刺激就没有反应。但是作为反映主体的人其本质上是能动地反映客观事物,因此,刺激与感受的关系不是机械的、全对应式的。对刺激与感觉之间关系的研究就是阈限和感受性。

绝对感觉阈限指刚刚能够引起感觉的最小刺激量,低于这个刺激量,感觉便不能发生,即人感觉不到它的存在。对最小刺激量的感觉能力称之为绝对感受性。

绝对感觉阈限与绝对感受性之间呈反比关系,绝对感觉阈限越大,引起感觉所需要的刺激量越大,绝对感受性越低,感受能力越弱;反之,绝对感觉阈限越小,引起感觉所需要的刺激量越小,绝对感受性越高,感受能力越强。用公式表示:

$$E=I/R$$

其中,E 为绝对感受性;I 为标准刺激量的强度;R 为绝对感觉阈限。

每一种感觉的绝对感觉阈限各不相同。即使是同一种刺激,人的状态不同,绝对感觉阈限也有所差异。心理学家通过实验发现了人的重要感觉的绝对阈限的近似值(见表 2-1):

表 2-1 人的重要感觉的绝对阈限

感觉类别	绝对感觉阈限
视觉	晴朗的夜晚可以见到 48 千米外的烛光
听觉	安静的室内可以听到 6 米外的嘀嗒声
味觉	分辨出两加仑水中一茶匙糖的甜味
嗅觉	闻出在三个房间的公寓里一滴香水的味道
触觉	可以感觉到一片蜜蜂翅膀从一厘米的高处落到面颊上
温度觉	可以察觉出皮肤表面温度的一摄氏度之差

(资料来源:波恩,1989)

2. 差别感觉阈限和差别感受性

差别感觉阈限指刚刚能够将两个同类刺激区别开来所需要的最小刺激量,即刚刚能够引起差别感觉的最小刺激量。低于这个刺激量,我们将无法分辨两个相互之间有所差异的事物,而把它们感觉为"相同的"。对最小差别刺激量的感觉能力称之为差别感觉阈限。

差别感觉阈限与差别感受性之间呈反比关系,差别感觉阈限越大,引起差别感觉所需要的刺激量越大,差别感受性越低,感受能力越弱;反之,差别感觉阈限越小,引起差别感觉所需要的刺激量越小,差别感受性越高,感受能力越强。德国生理学家韦伯将这种关系用下列公式表示：

$$K = \Delta I / I$$

其中，I 为原刺激量；ΔI 为刺激增量；K 为常数，又叫韦伯分数。

该公式被称为韦伯定律，指在感觉变化中，虽然差别阈限因刺激类型和感觉类型而异，但其差别阈限与作为比较根据的原刺激之间仍然保持一种定比关系。韦伯分数反映的是感觉的敏锐程度，韦伯分数越小，感觉越敏锐。不同感觉的韦伯分数如下（见表2-2）：

表2-2 不同感觉的韦伯分数

感觉类型	韦伯分数
视觉（对亮差异的辨别）	1/60
动觉（对重量差异的辨别）	1/50
痛觉（对皮肤灼痛差异的辨别）	1/30
听觉（对声音高低差异的辨别）	1/10
触觉（对皮肤表面压力大小差异的辨别）	1/7
嗅觉（对天然橡胶气味差异的辨别）	1/4
味觉（对盐量咸度差异的辨别）	1/3

（资料来源：希夫曼，1982）

3. 分析与编码

感觉依赖刺激产生，依赖大脑完成。从刺激到大脑，感觉系统对信息进行一系列转换，将其中的重要特征寻找出来，这个过程就是感觉分析。分析完成之后，感觉系统还要对信息加以编码，即将一种能量转化为另一种能量，一种符号转换为另一种符号，使之成为大脑可以理解的神经信息。现代神经生理学揭示，人脑直接加工的材料是外物引起的神经冲动，人脑对神经信号的加工是一种分析与编码的过程。只有经过分析与编码，我们才能了解神经信号所代表的外界刺激物的特性，获得外部世界的知识。

三、感觉的种类

在心理学理论体系中，感觉一词是多种感觉的总称，根据刺激物的性质及其所作用的感官，分为外部感觉和内部感觉两大类。外部感觉包括视觉、听觉、嗅觉、味觉、肤觉；内部感觉包括运动觉、平衡觉和内脏感觉。这里着重介绍外部感觉。

1. 视觉

视觉是人最重要的感觉，我们所获得的外界信息，80%来自视觉。视觉的好坏对人的生活、工作、学习及心理都会产生不可忽略的影响。

视觉的生理机制非常复杂。眼睛是我们的视觉器官，由眼球壁和眼球内容物两部分构成(见图2-2)。眼球壁分为三层,外层是巩膜和角膜;中层是虹膜、睫状肌和脉络膜;内层是视网膜和视神经内段。眼球内容物包括晶体、房水和玻璃体。它们分别承担着屈光作用、感光作用和调节作用。在其作用下,外界刺激转换为电信号,沿着视神经传导到大脑枕叶的纹状区,最终完成"看"的全过程(如图2-3所示)。如果大脑枕叶纹状区受损,人就会失去视觉;如果大脑枕叶纹状区邻近脑区受损,人就会失去对物体、空间关系、人面、颜色、词的认知能力,出现失认症。

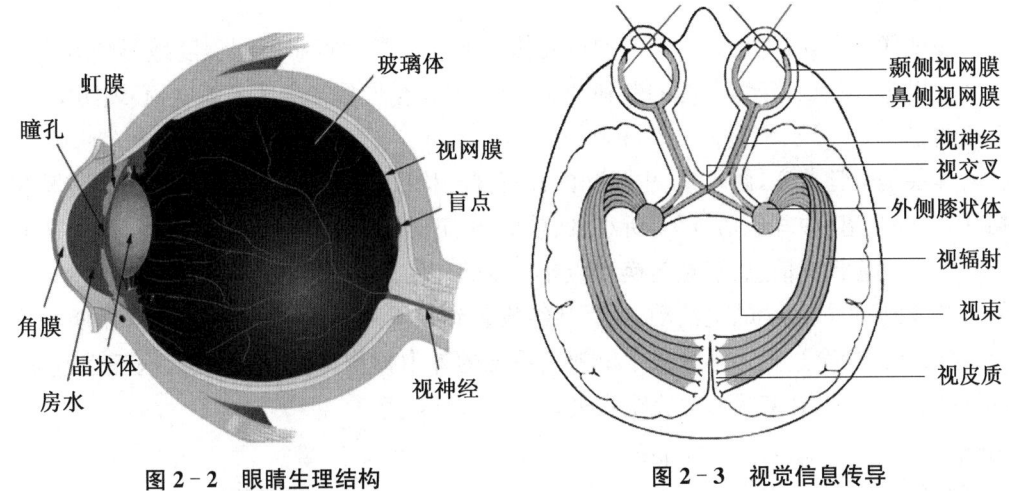

图2-2 眼睛生理结构　　图2-3 视觉信息传导

由于视觉刺激在强度、空间分布、波长和持续时间等方面的差异,产生了一系列重要的视觉现象,如颜色、视敏度、视觉适应等。

颜色是光波作用于人眼产生的视觉经验。颜色的类型有广义和狭义之分,广义的颜色指彩色和非彩色两类,非彩色包括黑色、白色和灰色,除此之外的其他颜色都为彩色。狭义的颜色,仅指彩色。颜色具有色调、明度和饱和度三个基本特性。色调由光波的波长所决定,长波占优势的光波,物体呈红色或橘黄色;短波占优势的光波,物体呈蓝色或绿色。明度即颜色的明暗程度,由照明强度和物体表面的反射率所决定,照明强度越大,物体反射率越高,明度也就越大,物体看上去越明亮,反之则灰暗。饱和度指颜色的纯度,纯度越高,饱和度越高,物体看起来越鲜艳。

视敏度,医学上称之为视力,指人眼分辨最小物体或物体细节的能力。视敏度的高低取决于物体的大小、物体与眼睛之间距离的远近,以及物体的视像落在眼睛中央凹的位置。当物体与眼睛之间的距离一定时,如果看清楚一个物体,所需物体越小,视敏度越好;反之,视敏度则越差。当一个物体的视像落在眼睛中央凹时,视敏度最好;当其偏离中央凹越远,视敏度越差。

视觉适应是指因刺激的持续作用而引起的视觉感受性的变化。视觉适应分为暗适应和明适应两种类型。暗适应指人从明处到暗处感受性的变化;明适应指人从暗处到明处的感受性的变化。在暗适应的过程中:① 瞳孔放大,吸收更多光亮;② 锥体细胞的感光敏度增加,以维护视觉功能;③ 杆体细胞的感光敏度迅速提高,以取代锥体细胞的作用。暗适应所需时间较长,在最初的 7 分钟～10 分钟里,感受性骤升,约经过 30 分钟～40 分钟,暗适应完成,视觉恢复正常。在明适应的过程中:① 瞳孔缩小,减少光亮进入;② 锥体细胞的感光敏度降低;③ 杆体细胞的感光敏度迅速减低。明适应所需时间较短,在最初的 1 秒钟里,感受性骤减,经过 5 分钟左右,明适应完成,视觉恢复正常。

2. 听觉

在现代社会,听觉是人际沟通的重要信息通道。听觉障碍不同程度地影响着人与人之间思想、观点、情感、态度的顺利交流,严重时还会导致社会关系孤立,心理闭锁,乃至扭曲。

耳朵是听觉器官,由外耳、中耳和内耳三部分构成(如图 2-4、2-5 所示)。外耳包括耳郭、外耳道;中耳包括鼓膜、听小骨、前庭窗、正圆窗;内耳包括前庭器官、耳蜗。它们分别承担着收集信息、能量转换和传导信息的作用。在其作用下,外界物体振动产生的声波,转换为神经元的电活动,经听神经投射到脑干的髓质,并最终到达大脑听觉中枢,完成"听"的全过程。耳朵或中枢神经系统的外力损伤、功能性退化及病理性改变,都将削弱人的听力,甚或使之完全丧失。

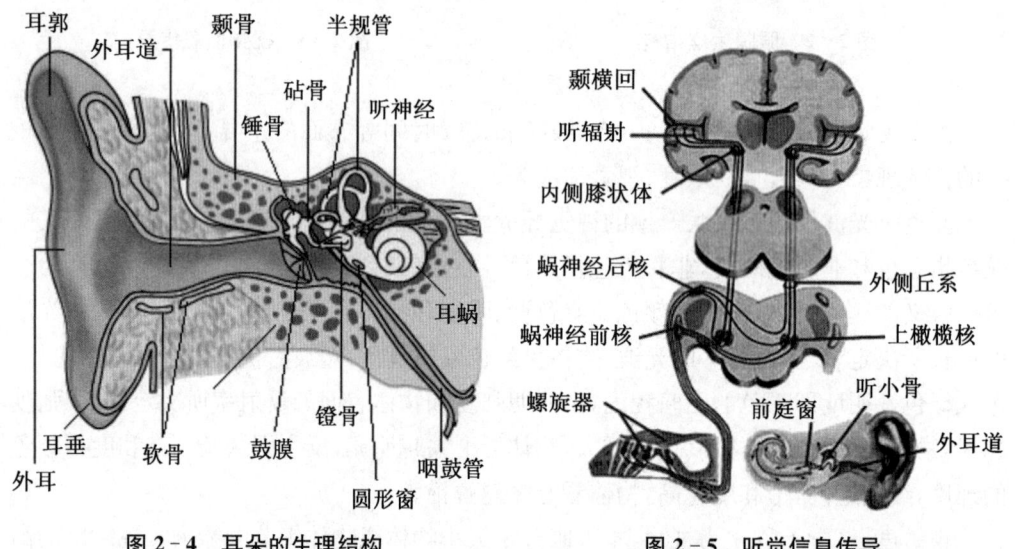

图 2-4 耳朵的生理结构　　　图 2-5 听觉信息传导

声波作为声音的物体特征,除具有频率、振幅和复杂度三个物理属性之外,还具有音调、响度和音色三个心理属性。

音调,又称为音高,计量单位为赫兹(Hz)。人耳听到的音调的高低,取决于声波频率,频率越高,音调越高。人耳所能接受的频率范围为 16 Hz～20 000 Hz,其中 1 000 Hz～4 000 Hz 是人耳最敏感的区域。低于 16 Hz 的声波叫次声,高于 20 000 Hz 的声波叫超声波,人耳均无法听到。音乐的音调一般在 50 Hz～5 000 Hz,言语的音调一般在300 Hz～5 000 Hz。

响度,又称为音响,计量单位为分贝(db)。人耳听到的响度的大小,取决于声波振幅,振幅越强,响度越大。0 db 是人耳能听到的最轻的声音,日常生活中,人耳所接受到的声音振幅范围多在 16 db～160 db。长期处于85 db 的声音环境中,会造成内耳损伤。响度达到 110 db 时,人会感到声音刺耳,产生不舒适感。120 db 的声音致使听力受损,130 db 的声音使人的听力立即丧失。常见的声音响度如下(见表 2-3):

表 2-3 几种常见的声音响度

声源	响度(db)
喷气机(低空)	150
摇滚乐	140
响雷	120
地铁(约离地面6米)	100
繁忙汽车道	80
普通谈话	60
清静的办公室	40
耳语	20
树叶沙沙声	20
隔音的播音室	10

(资料来源:彭聃龄《普通心理学》,北京师范大学出版社,2005)

音色,又称为音质。人耳听到的音质的纯杂,取决于声音的复杂度,有乐音和噪音之别。当各种不同频率声音、不同振幅的声波一起有规律地振动时,所产生的声音即乐音,又称为纯音,反之则为噪音。在一定程度上噪音会干扰人对声音信息的识别。如果噪音过强,严重或较严重地遮蔽了信息,人就"误听""错听",甚至完全不知道对方在说什么。

3. 嗅觉

因挥发性的物质刺激到我们的鼻子而引起的感觉称之为嗅觉。嗅觉可以给人带来欣快愉悦,也可以给人带来痛苦厌恶,前者促使人做出趋近反应,后者则让人避之不及。由于嗅觉得到的某种气味会长时间保留在人的记忆中,激起人充满强烈情绪色彩的回忆。因此,嗅觉对人不仅具有生理价值,而且具有重要的心理意义。

鼻子是嗅觉器官(如图 2-6、2-7 所示)。鼻腔上部分布的数量众多的嗅觉细胞,即嗅觉感受器。据研究,在人的鼻子中大约有 5 000 万之多的嗅觉细胞。当较多的气体被吸入鼻内时,嗅觉感受器受到刺激,并将气态化学物质的信息以动作电位的形式经嗅束传导到特定的大脑皮层,嗅觉由此产生。

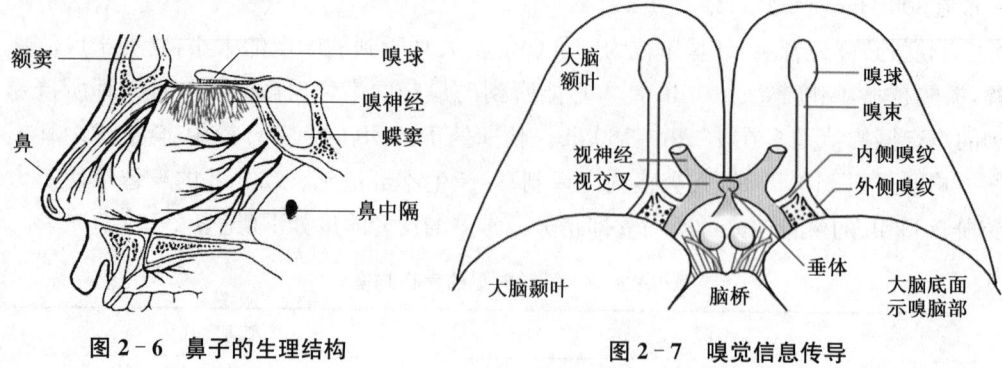

图 2-6 鼻子的生理结构　　　　图 2-7 嗅觉信息传导

嗅觉具有很强的适应性,气味之始,即使刺激量很小,鼻子也能闻到。但随着时间推移,嗅觉慢慢变得迟钝,所谓"入鲍鱼之肆,久而不闻其臭。入兰花之室,久而不知其香"。

4. 味觉

味觉是一种与视觉、嗅觉、听觉,乃至温度觉、运动觉、触觉、痛觉(如辣)等感觉联系紧密的一种感觉,通常与嗅觉联合携手,在二者的交互作用下我们感受到食物的香美。

舌是味觉器官,其生理结构如图 2-8 所示。舌上集结着的球状神经细胞——味蕾,即味觉感受器。味蕾(如图 2-9 所示)主要分布在舌尖、舌中、舌两侧和舌根,当口中的食物被咀嚼时,细碎的部分进入味蕾,激起神经冲动,并随之将信息传到大脑,形成味觉。与其他感觉不同的是,味觉在大脑皮层上没有精确定位。

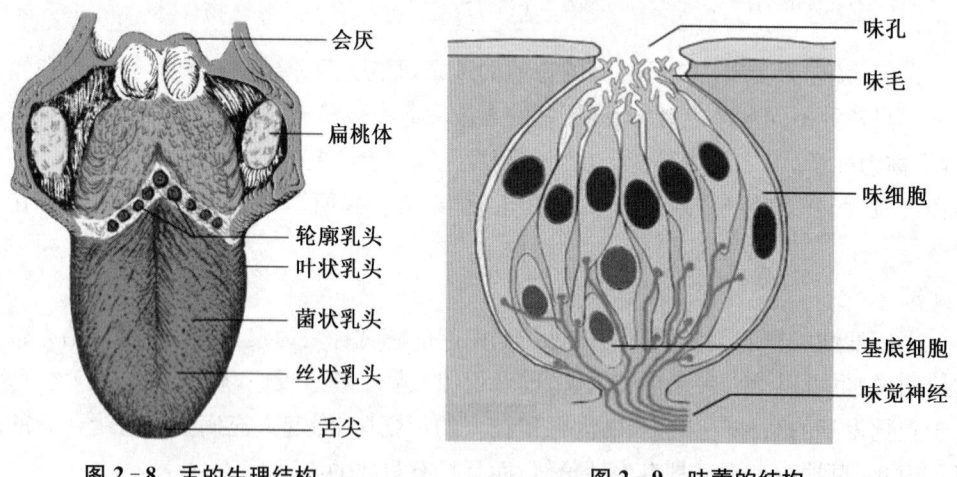

图 2-8 舌的生理结构　　　　图 2-9 味蕾的结构

人的基本味觉有甜、咸、酸、苦四种,舌上各有专司的味蕾,舌尖部的味蕾专司甜,舌中部的味蕾专司咸,舌侧部的味蕾专司酸,舌根部的味蕾专司苦。

人与人之间存在着味觉差异。大多数人的味觉偏好与习得有关,受早年生活经历影响。还有的差异源于生理因素,即味蕾数量的不同,味蕾数量越多,味觉越敏感。

味觉的适应性明显,在长期接触一种味道的情况下,味觉感受性会因适应而下降,若欲保持同一味觉则需增加刺激量。除此之外,味觉的对比性也十分突出,先甜后酸,则酸上加酸;先酸后甜,则甜上加甜。

5. 肤觉

肤觉是客观刺激作用于人的皮肤(如图2-10所示)所产生的感觉,相对视觉、听觉、嗅觉,它和味觉一样是一种近距离的感觉。肤觉包括触觉、温度觉、痛觉。

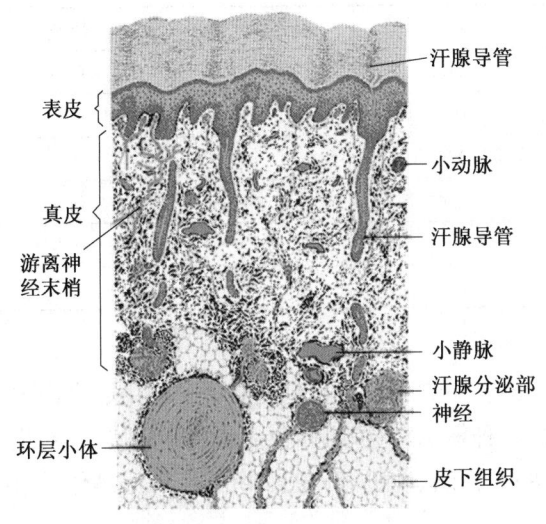

图2-10 皮肤的生理结构

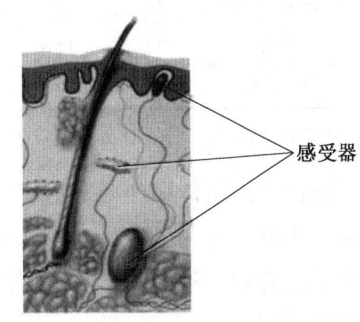

图2-11 皮肤中的感受器

触觉,又称触压觉,包括触觉和压觉,是皮肤触及物体或承受物体压力时产生的感觉。触觉的感受器(如图2-11所示)是分布于真皮内的神经末梢。当皮肤受到刺激时,神经末梢将其传导到脊髓后柱,再由经延脑传至丘脑,最终到达大脑皮层的中央后回,完成"触动"感或"压迫"感形成的全过程。皮肤的不同部位存在着触觉感受性差异,通过两点阈测量(如图2-12所示),指尖、面部等部位的感受性高于肩部、背部、手臂、腿部等部位,对刺激更为敏感。除此之外,指尖、舌尖对物体定位的准确性优于上臂、腰部和背部,前者平均误差在1毫米左右,后者为1厘米左右。

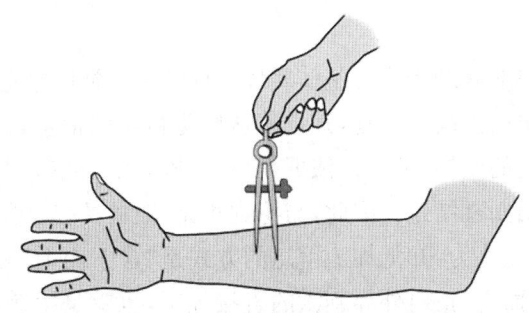

图2-12 皮肤上的两点阈测量

温度觉是冷觉和热觉的合称,其区别在于刺激物的温度是高于还是低于皮肤表面的温度,也就是生理零度。如果高于生理零度,则产生温觉;如果低于生理零度,则产生冷觉。身体的不同部分生理零度不相同,一般说来,手部的生理零度较高,背部的生理零度较低;相对于前额,身体其他部位(裸露)的生理零度较低;在着装的情况下,身体其他部位的生理零度有所提高(见表2-4)。

表2-4 每平方厘米的皮肤感觉点

皮肤位置	痛觉	触觉	冷觉	热觉
额	184	50	8	0.6
鼻尖	44	100	13	1
胸	196	29	9	0.3
前臂掌面	203	15	6	0.3
手掌	188	14	7	0.5
拇指肚	60	120		

(资料来源:武德沃斯、施洛斯贝格,1965)

痛觉是由肌体损伤或被破坏所引起的。痛觉的感受器是皮肤下各层中的自由神经末梢。痛觉具有两个特征:第一,痛觉是一种警示,保护肌体免受伤害。第二,人对痛觉的感受容易受心理因素影响,如注意、暗示、情绪、动机等,在某些情况下,心理作用可控制痛觉。

第二节 知觉的基础理论

知觉是在感觉基础上产生的另一个重要的心理认知现象。从感觉到知觉是认知的一大飞跃,它标志着人对客观事物的认知开始从外在到内在、表象到本质,从反应到反映,能动地把握事物的特点和规律。

一、知觉的概念

所谓知觉,即个体对客观事物的整体属性的反映。知觉以感觉为基础,依赖于感觉而产生,但又在认知阶段上高于感觉,知觉将从感觉得到的信息,按照一定方式进行加工整合,使之形成特定的结构。同时,依据个体由学习和实践得到的知识和经验,对其加以说明和解释,做出知觉结论。因此,与感觉相比,知觉具有更为鲜明的心理色彩。

结构主义心理学家认为,知觉加工信息的方式是"自下而上"和"自上而下"两种方法的结合。所谓自下而上,指对外界刺激的直接加工,也就是由刺激驱动的加工;所谓自上而下,则是依赖于内在的知识经验、心理期待以及需要动机、兴趣爱好的间接加工,也就是由概念驱动的加工。前一种加工,知觉受刺激的影响,后一种加工,知觉受主体的影响。一般的情况下,在人的知觉过程中,外界刺激越丰富,越容易偏重对信息做自下而上的加工;外界刺激越贫乏,越容易偏重对信息做自上而下的加工。

二、知觉的生理机制

现代神经生理学和神经心理学通过大量的实验研究发现,人的神经系统具有分析、综合即编码的功能。从感觉得到的信息,经过神经系统编码后传导到大脑皮层的不同区域进一步整合加工,最终得出对刺激知觉的假设、判断和评定,完成对刺激的知觉。如近年来的一些研究发现,视知觉发生时,大脑皮层有两种加工样式,一是由枕叶和颞叶完成的"刺激是什么"的判断;二是由枕叶和顶叶完成的"刺激在哪里"的确认。

20世纪40年代起的裂脑人研究(如图2-13所示),提供了大脑皮层参与知觉活动的有力佐证。为治疗严重的癫痫病人,不得已切断联结左右两半球的胼胝体,使其发作只限于一侧半球,另一侧仍处于控制状态。研究时,请被试坐在桌前,视线被屏幕遮挡,看不到自己的手。屏幕左侧快速闪过"螺母"一词,与此同时"螺母"的形象投射到他的右脑。结果发现,被试用左手很容易从看不到的一堆物体中把螺母拿出来,但不能说出屏幕上呈现的螺母一词。这就说明,知觉时存在着对刺激的深度加工。

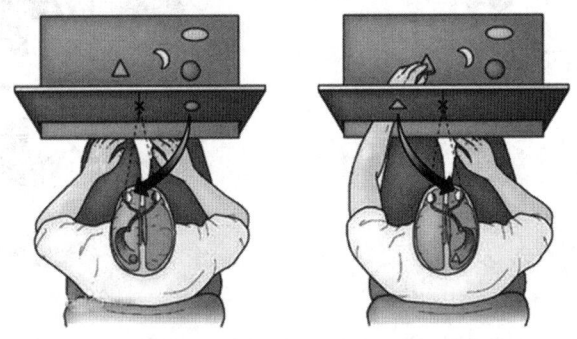

图2-13 裂脑人实验场景之一

三、知觉的特点

由韦特海默(Wertheimer)、科勒(Kohler)、考夫卡(Koffka)等人创立的格式塔心理学,于20世纪20~40年代通过大量卓有成效的研究,系统地揭示了知觉的特点。他们发现,知觉的最大特点在于"整体大于部分之和"(如图2-14所示),"一旦一个一个感觉元素整体性地呈现于我们面前时,就已经不再是其自身,它所具有的意义、所传递出来的信息、所表达出来的思想远远超出原初,具有单独元素所没有、唯有整体才具有的思想和意义,而这个思想和意义的内涵是任何一个个别元素均不可能达到的"(如图2-15所示),因而,知觉所呈现出来的是"最好、最简单、最稳定的形式",即"完形"。

图 2-14　整体大于部分之和的实验　　　图 2-15　部分依赖整体的实验

1. 整体性

所谓整体性,指在知觉过程中,个体超越部分刺激相加之总和而产生的整体性知觉特点。知觉的整体性是一种纯粹的心理现象,在有的情况下,即使刺激是零散的,知觉经验也呈现出整体性特点(如图 2-16、2-17 所示)。知觉整体性充分反映了人的知觉所具有的依赖刺激但又不受制于刺激的超越能力,以及对刺激之间内在联系的能动把握。

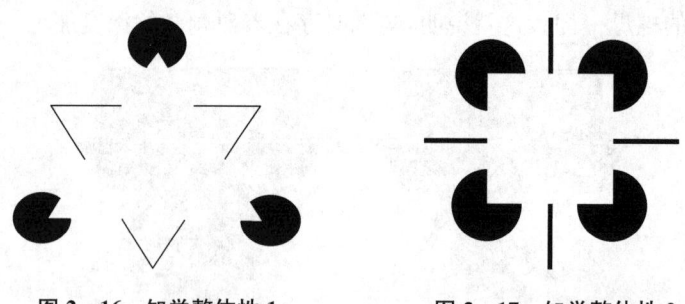

图 2-16　知觉整体性 1　　　　　图 2-17　知觉整体性 2

2. 理解性

所谓理解性,指在知觉过程中,个体根据自己已有的知识经验对刺激进行加工处理,并用概念的形式将其表述出来的知觉特点。知觉理解性是知觉积极性和能动性的一个重要表现,这一特点反映了人的知觉是以知识经验为基础,积极主动地对刺激加以解释,使其的存在具有某种意义,即探寻刺激与人的工作、学习、生活等之间的价值关联性(如图 2-18、2-19 所示)。

图 2-18　知觉理解性 1　　　　　图 2-19　知觉理解性 2

3. 选择性

所谓选择性，指在知觉过程中，从所有作用于感受器官的刺激中选择一部分做出反映知觉特点。被知觉选择为反映的刺激，即知觉对象，没有被知觉选择为反映对象的刺激，即为知觉背景。选择性就是把对象从背景中分离出来，以便更好地聚焦对象，对其做出更清晰、更明确的知觉（如图2-20、2-21所示）。对象的选择与主客观均有关系，内在的需要、兴趣、注意以及刺激本身的状态都会对选择性产生影响，主客观的变化导致选择不同，因此，对象与背景具有可变性，甚至能够相互转换。

图2-20 知觉选择性1

图2-21 知觉选择性2

4. 恒常性

所谓恒常性，指在知觉过程中，刺激的物理特性在一定范围内发生变化，而知觉并不随之发生相应改变，倾向于保持稳定性的知觉特点（如图2-22所示）。知觉恒常性的类型包括大小恒常性、颜色恒常性、形状恒常性和明度恒常性。知觉恒常性是我们获得确定性的心理前提，缺少确定的知识、确定的环境、确定的自我、确定的他人等，人就不可能正常生存。同时，知觉恒常性又是我们认识及把握客观事物特点与规律的心理条件，如果"人一次也不能踏入同一条河流"为真，我们将无法认知客观事物。

图2-22 知觉恒常性

第三节 老年人感知觉的特点

由于年龄的增长，人的生理机能不同程度地出现退行性变化，使得感知觉具有年龄特点。掌握老年人感知觉的特点与变化规律，不仅可以让我们为老年人创造更有利的感知条件，还可以采取相应措施延缓衰老。

一、老年人视觉的特点

1. 视敏度

20～60岁视敏度呈轻微下降趋势，50岁以后多数人出现"老花眼"，60岁以后视敏度下降明显。如果年轻时视力为1.5，50～60岁时一般下降到1.0，90岁时降到0.33。这种下降包括静态视敏度和动态视敏度。1981年，心理学家奥尔森（Olson）等人曾做过一个实验，请平均年龄分别为33岁和66岁的两组被试在晚上登上公共汽车，要求他们辨认道路上的小标识，结果发现，老年组的正确率比年轻组低25%。这说明，老年人视敏度的下降，除了给他们带来读书看报、辨认商品标签等方面的困难外，还增加了他们出行安全的风险。

2. 视觉适应

随着年龄增长，老年人视觉适应所需的时间日益延长，适应困难逐渐增大。1955年，心理学家费希尔（Fisher）等人研究发现，在22～43岁之间视觉感受性平均每年下降4%，年龄越大，感觉阈限越高，感受能力越弱。如在一项实验中，暗适应10～20分钟之后，20～30岁的年轻人对强度为3微流明的光即能感知，80岁以上的老年人需将强度增加到5～6微流明才能感知，视觉感受性低于年轻人。1960年，沃尔夫（Wolf）研究了强光刺激后的眼花现象和年龄之间的关系，发现，5～15岁的被试眼花2秒钟后就能恢复，65岁以上的被试9秒钟后才能恢复，老年人从眼花到正常知觉所需要的时间远超年轻人。

3. 颜色视觉

1957年，吉尔伯特（Gibert）研究发现，颜色鉴别能力从29岁起以每10年一个周期减弱，相较于对红、黄色的鉴别能力，对蓝、绿色的鉴别能力下降得更为明显。弗里德里克斯（Friedrichs）1969年研究发现，70岁时颜色知觉有明显变化，但直至90岁这种变化才达到影响正常生活的程度。老年人颜色知觉的变化仍然表现为对蓝色和绿色感受能力下降，对红色和黄色感受能力保持良好。

4. 深度视觉

30岁以后眼内睫状肌改变晶体曲率的调节能力发生变化。1972年，贝尔（Bell）、沃尔夫（Wolf）和伯恩霍尔兹（Bernholz）研究发现，30～40岁深度知觉有轻微下降，40～50岁下降速度加快，50岁以后变化明显。与青年人相比，老年人在物体大小、空间关系、运动速度判断等方面更容易出差错。

二、老年人听觉的特点

1. 听力

老年听力最常见的改变是重听,即耳聋或耳背,系听力下降所引起,其中随年龄增长,老年人对高频声音的感受性下降最为明显,低频声音的感受性变化则不明显。在这点上,男性老年人听力的改变大于女性老年人,也就是听力相对较差。在对两个不同音调差异的识别方面,自25岁起,人的音调识别能力开始降低,55岁以后变化明显,70岁以后更为明显。这种变化主要反映在对高音调的识别上,低音调识别能力的保持好于高音调。

2. 言语听觉

听力的变化直接影响到老年人对言语的感知能力和理解能力。1976年,伯格曼(Bergman)研究发现,从20~50岁人的言语感知能力基本稳定,30年间仅下降10%,之后下降速度加快,50~70岁下降20%;同样,言语理解能力从20~50岁相对稳定,80岁时与之相比较降低25%。这说明,老年人的言语知觉虽然因年龄增长而呈下降趋势,但降幅不大,且大量研究揭示,不同的老年人之间因环境和其他认知能力的不同存在着很大的个体差异。

3. 抗干扰

老年人抗干扰能力较弱。1979年,米尔顿(Mimpen)等人研究发现,在噪声环境下,老年人的听觉阈限值相较于安静环境平均提高5~20分贝。1971年,卡哈特(Carhart)和尼科尔斯(Nicholls)研究发现,如果一个人在有噪音环境下说话,老年人的知觉出现4分贝的遮盖效应;如果两个人同时在有噪音的环境下说话,老年人的知觉出现7~9分贝的遮盖效应,噪音影响了老年人听觉清晰度和准确性。这种影响随年龄增长而加剧,1980年,伯格曼研究当电话里有噪音时,不同年龄人群抗干扰的情况,结果发现,噪音对所有年龄人群言语理解的准确性都有影响,青年组的准确性下降8%,中年组下降35%,老年组下降56%。

三、老年人嗅觉的特点

嗅觉的变化从青年时期起就开始缓慢起步,37岁以前,嗅神经纤维每年减少0.9%;37~62岁每年减少1.6%;62岁以后相对稳定,每年减少0.7%;70岁之后每年减少0.3%。经过几十年的累积,70~80岁嗅觉退行性变化明显。1986年美国《国家地理》杂志的一份调查发现,从70岁开始人的嗅觉能力随年龄增长而下降;50~60岁的人群能够基本保持和青年人一样的嗅觉,但是他们对气味的命名能力下降,正确性降低。

四、老年人味觉的特点

1. 味蕾

进入老年期后,味蕾数量明显减少。相关研究揭示,4～20岁时味蕾数量为253个,30～45岁时减少至200个,74～85岁时只有88个。

2. 感受性

1969年,休斯(Hugkes)发现,味蕾的减少伴随着味觉神经元数量的减少,减少的范围包括大脑皮层中央后回。因而导致老年人味觉的感受性下降以及味觉的多样性降低。这方面的研究结论有所不同,1988年,斯皮策(Spitzer)研究发现,咸、苦、酸三种味觉的阈限随年龄增长而提高,甜的阈限几乎没有变化。1996年,希夫曼(Schiffman)研究发现,50岁以后咸、甜、苦、酸四种味觉的阈限均有上升。

五、老年人肤觉的特点

1. 感受性

60岁以后,人的皮肤明显变化,表皮变薄,手背上的静脉清晰可见。皮肤的张力和弹力下降,皮下脂肪脱失,皱纹显现。对于刺激皮肤的感受性降低,定位的准确性减弱。1961年,阿克斯罗德(Axelrod)和科恩(Cohen)研究发现,青年组手掌的两点阈为6.3毫米,老年组为7.8毫米;青年组拇指的两点阈为2.26毫米,老年组为3.95毫米。相对于青年人,老年人的肤觉感受性退化明显。

2. 温度觉

有研究发现,老年人对冷暖的温度感知与青年人相比没有显著变化,只是对低温和高温的感知能力随年龄增长而有不同程度的下降,反应迟钝,不能敏锐地感知高温的灼热和低温的寒冷,容易受到意外伤害。

第四节　心理关爱的方法

一、以人为本,尊重为上

以老年人为中心,根据老年人的感知特点,从老年人的具体实际出发,充分尊重老年人感知的特殊性,是老年心理关爱最重要的原则。2002年联合国第二届世界老龄大会《政治宣言》中提出,应对人口老龄化必须以尊重老年人的人权为前提,以"承认人们在增龄过程中,他们在生活的各个方面,都享有机会平等的权利"为出发点,以"建立一个不分年龄、人人共享的社会"为宗旨,将以过去的"以需要为基础"的老年关爱转变为"以权利为基础"老年关爱,促进他们从根本上获得与中青年人的同一性,与整个社会和谐统一。因此,以人为本,站在人性的高度充分尊重老年人的感知觉特点,是我们做好老年心理关爱的关键所在。

二、细心观察，体贴入微

老年人感知觉的变化是随着年龄增长而发生的历龄性改变，经常表现在日常生活的不经意之间，如水杯失手掉在地上、正常行走时被台阶绊倒等。青年人在关爱老年人时，要细心观察老年人行为举止的动态变化，以及老年人周围环境中的细微之处，如老年人坐的位置与桌子之间的距离是不是有点远、老年人上下行走的楼道灯光是不是有点暗、台阶与台阶之间是不是老旧的灰色致使看上去灰暗一片等，及时注意这些问题，及时采取必要措施，这种体贴入微的关心会给老年人带来无尽的温暖。

三、发挥优势，扬长避短

老年人感知觉的退行性变化系增龄所致，目前的医学水平无法将其逆转。但如上所述，感知觉特别是知觉在本质上并非刺激的机械反应，而是依托于知识和经验对刺激的能动加工，即积极主动地反映客观事物，这方面老年人因在长期的社会实践中积累了大量的知识经验而具有极大的心理优势。最大限度地调动老年人的这一优势，适当放慢信息发送的速度，以提高老年人的感知觉质量。一项关于老年人学习的研究发现，如果学习节奏较快，老年人的学习成绩明显低于青年人；如果学习节奏较慢，老年人和青年人学习错误都减少，成绩均有提高，但老年人的进步比青年人明显，成绩提高的幅度比青年人大；如果让老年人自己选择学习节奏，老年人能够取得与青年人同样优秀的学习成绩，二者之间不存在差异。如在一项实验中，研究者要求老年人学习词语配对，开始时要求老人们每1秒半学习一个词，老年人错误迭出，学习正确率明显低于青年人。后来，要求老人们每3秒学习一个词，学习成绩明显改善。最后，让老人们根据自己的具体情况调整学习时间，学习成绩再次大幅提高，与青年人的成绩持平。因此，不急不躁，舒缓适宜，发挥优势，扬长避短，是关爱老年人的重要方法。

四、加强运动，延缓衰老

人们常说"生命在于运动"。运动不仅仅是体力上的锻炼，更重要的还有大脑的活动。感知觉的衰退除感觉器官的退变之外，还与大脑的老化直接相关。大量研究发现，一个人用脑越频繁，神经细胞上的神经纤维就越长，思维越活跃，反应越灵敏，衰老的程度越低；如果用脑越少，神经细胞上的神经纤维越短，思维越迟缓，反应越迟钝，衰老的程度越高，大脑运动不运动，结果大不一样。日本的一项调查同样表明，勤用脑的老年人，比整天无所事事"懒得去想"的老年人，智力水平平均高出50%。因此，要鼓励老年人多参加体育活动、智力训练活动，勤用脑，多用脑，"活到老，学到老"，有助于延缓感知觉的衰老。

「心理关爱小贴士」

1. 客观认识老年人感知觉变化,准确把握其特点与规律。
2. 根据老年人感知特点,为其创造舒适的生活环境。
3. 为老年人选择适宜的辅助工具,帮助其更好地适应自身的感知觉变化。

▶ 关键术语 ◀

感觉、知觉、感觉阈限、感受性、知觉特点

▶ 分析思考题 ◀

1. 什么是感觉?感觉的基本特征是什么?
2. 什么知觉?感觉与知觉之间的联系与区别有哪些?
3. 知觉的特点表现在哪些方面?你是如何认识的?
4. 老年人感知觉特点是什么?以视知觉为例,谈谈在心理关爱过程中需要注意哪些问题。

第三章 老年人的记忆

——有时我们确实需要忘记一些东西,但对于那些应该记住的,只要努力,再加上一点点小技巧,总会和我们如影随形。

▶ 学习目标 ◀

1. 了解记忆相关的概念和基本理论。
2. 掌握老年人记忆与学习的特点及变化规律。
3. 运用心理学研究的成果,提高老年人的记忆。

▶ 开篇案例 ◀

我国著名文学家汪曾祺在《却老》中说,"糊里糊涂,就老了。不知道从什么时候起,别人对我的称呼从'老汪'变成了'汪老'。老态之一,是记性不好。初见生人,经人介绍,很热情地握手,转脸就忘了此人叫什么。有的朋友见过不止一次,一起开会交谈,却怎么也想不起该怎么称呼。有时接到电话,订了约会,自以为是记住了,却忘得干干净净。但是一些旧事,包括细节,却又记得十分清楚。这是老人'十悖'之一,上了岁数,都是这样"。(资料来源:《文化老人话人生》,上海文艺出版社,1992)

第一节 记忆的基础理论

记忆是一种基本的心理认知过程,对人的工作和学习具有重要意义。记忆使我们对知识和经验的获取成为可能,同时由于有记忆的存在,我们才能够运用大脑中储存的知识去认知客观事物,分析一个事物与其他事物的内在联系,解决纷繁复杂的现实问题。记忆联系着我们的过去和现在,因为记忆的存在,我们才知道自己从何而来,又将去往何处,在一定意义上,记忆奠立了人类的文明。

一、记忆的概念

所谓记忆,指人脑对外界信息加以编码、存储、提取的心理过程。个体感知过的信息、经历过的事件、体验过的情感情绪、思考过的问题、从事过的活动等存留在人的记忆系统里，时间或长或短，并在需要时将信息从中提取出来加以运用，这就是记忆。

记忆是一种积极活跃的心理活动，它能动地对信息进行组织编码、保存储藏，在必要时有效输出以供使用，在一些时候这个过程完成于不经意之间。没有组织编码，信息无法建立与个体之间的联系；失去对信息的保存储藏，知识和经验的存储就无从谈起；而如果不能有效输出，人认知信息的行为就变得毫无意义。记忆的活跃对于人的生存关系重大。

二、记忆的种类

按照信息保存时间的长短，心理学将记忆分为感觉记忆、短时记忆和长时记忆。

1. 感觉记忆

所谓感觉记忆，又叫感觉登记或瞬时记忆，指感觉信息在极短的时间里被保存下来的一种记忆。感觉记忆是记忆的开始阶段，是一种原始的保存信息的形式。刺激首先进入感觉记忆，然后再由感觉记忆到达短时记忆及长时记忆，感觉记忆的质量对后两种记忆有着一定的影响。感觉记忆编码的形式主要依赖于信息的物理特征，因而具有鲜明的形象性。感觉记忆信息存储的时间为 0.25 秒～2 秒，虽然时间很短，但为进一步的信息加工提供了可能性。感觉记忆的容量较大，但由于记忆时间短暂，大部分信息来不及加工便迅速消退，只有一部分信息进入短时记忆系统。

2. 短时记忆

短时记忆是感觉记忆和长时记忆的中间环节，是信息由感觉记忆向长时记忆的过渡。因此，短时记忆只是信息的临时储存站，所能记忆的信息容量有限，心理学研究发现，大约为 7±2 个单位。从感觉记忆传入的信息，只有重要的、有价值的、有意义的保留下来，供思维进一步地深加工，其余的很快被删除，而且不可恢复。据此，短时记忆又称之为工作记忆。短时记忆信息存储时间为 5 秒～1 分钟。

3. 长时记忆

所谓长时记忆，指信息经过充分加工后长时间保存下来的一种记忆。长时记忆是信息的系统化、组织化存储，其结果构成个体的知识系统，能够同化新刺激、分析解决问题，也能够顺应刺激，改变原有信息图式，或创造新的信息图式。长时记忆的信息容量没有限制，信息存储时间为 1 分钟以上以至永久。

记忆的多存储模型、三种类型及其关系分别如图 3-1、3-2 所示。

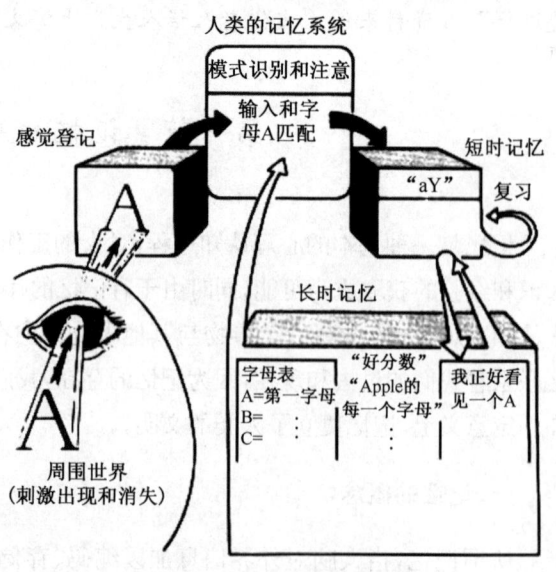

图 3-1 记忆的多存储模型

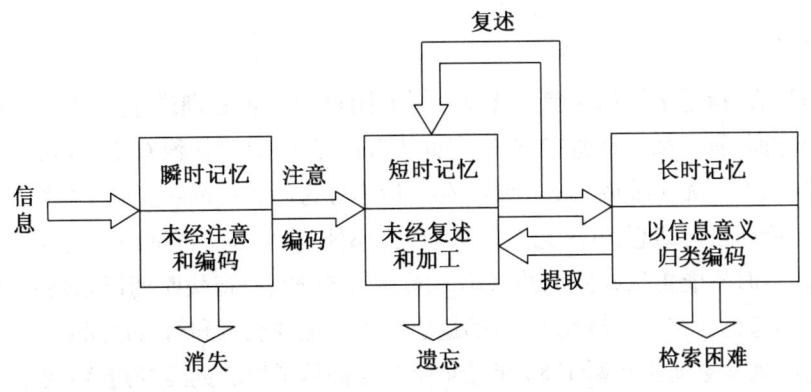

图 3-2　记忆的三种类型及其关系

三、记忆的测量

判断记忆状态通常使用两种测量方法,用于了解信息记忆的数量和记忆程度。

1. 回忆

所谓回忆,指记忆信息以概念或形象的形式在大脑中重新呈现的心理过程。回忆通常是先前认知过的事物没有重新出现在个体面前时,个体完全依赖对记忆系统信息的提取而做出的反应。是否能够正确回忆与信息存储状态和内外在干扰因素有关,如记忆有误、情绪紧张、营养不良、脑损伤等。

2. 再认

所谓再认,指记忆信息重新出现时将其辨认出来的心理过程。相对于回忆,再认简单容易,有些信息已然回忆,却能够通过再认加以识别。影响再认准确性的因素除上述提到的内外在干扰因素之外,还与时间间隔的长短有关,记忆与再认相隔的时间越长,可能出现的差错越多,再认效果越差。反之,记忆与再认相隔的时间越短,可能出现的差错越少,再认效果越好(如图 3-3 所示)。

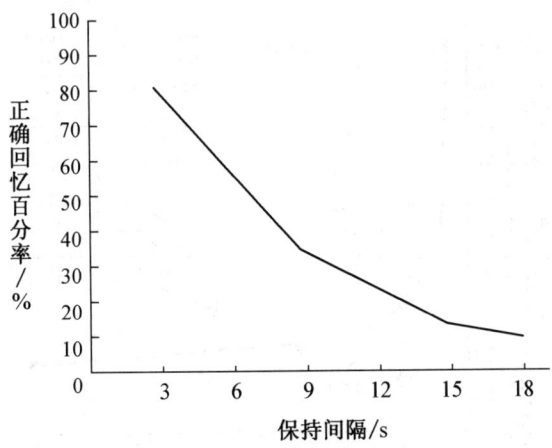

图 3-3　间隔时间和再认正确率

四、遗忘

所谓遗忘,指记忆信息未能保持或者提取困难的一种心理现象。记忆和遗忘是矛盾的两个方面,有记忆就有遗忘,有遗忘也才有记忆,只有记忆没有遗忘,或者只有遗忘没有记忆,二者都无法维持人的正常生存。遗忘分为四种类型:① 不完全性遗忘,指能再认,但不能回忆的遗忘。② 完全性遗忘,指不能再认,也不能回忆的遗忘。③ 暂时性遗忘,指一时不能再认或回忆的遗忘。④ 永久性遗忘,指长时期以至终身都不能再认或回忆的遗忘。在正常情况下,人的遗忘是不完全性遗忘和暂时性遗忘。

德国心理学家艾宾浩斯 1885 年最早研究并揭示了遗忘的运演进程(见表 3-1、图 3-4)。他以自己作为被试,采用无意义章节作为记忆材料,用机械重复的方法进行学习,之后,在不同的间隔时间测量自己的记忆保持量。接下来,重新学习先前的材料,再测量记忆保持量,并将两次结果加以比较,结果发现,在学习之后一小时以内,遗忘速度最快,之后变得平缓。对于同样内容的记忆,第二次学习达到记忆所需要的时间,短于第一次学习达到记忆所需要时间,时间节省率可达到 40%。

表 3-1 遗忘的进程

次序	时距(小时)	保持百分数(%)	遗忘百分数(%)
1	0.33	58.2	41.8
2	1	44.2	55.8
3	8.8	35.8	64.2
4	24	33.7	66.3
5	48	27.8	72.2
6	144	25.4	74.6
7	744	21.1	78.9

(资料来源:彭聃龄,2005)

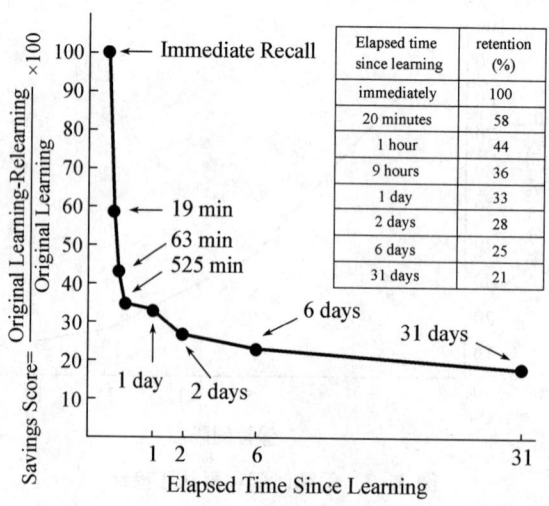

图 3-4 艾宾浩斯遗忘曲线

导致遗忘的原因,目前心理学界有四种主要的看法,即消退说、干扰说、压抑说和提取失败说,但正如心理学家巴德莱(1991)所说,"对遗忘的解释现在还是一个悬而未决的问题"。

第二节 老年人记忆的特点

记忆是一个受主客观多种因素交互作用的复杂的认知系统,其老化从成年早期(20岁)已经开始,因而年龄不是唯一的影响因素,老年不意味着绝对的记忆衰退,需要具体分析,分类考量。

1. 情景记忆

情景记忆是对增龄最敏感的记忆,受年龄影响的程度远高于其他记忆类型。来自中外的大量研究(尼尔桑,1997;王青等,2003;麦克德莫特和奈特,2004)均发现情景记忆随增龄而衰退(见表3-2)。

表3-2 不同类型记忆随增龄变化的情况

记忆类型	记忆任务	增加	不变或稍减	中等或显著衰退
感觉记忆	感觉		√	
工作记忆	前向数字广度		√	
	后向数字广度		√	
	组织			√
情景记忆	精密性			√
	经历的活动			√
	个人历史			√
语义记忆	世界知识	√		
	词汇量	√		
	词义搜集		√	
非叙述性	技巧		√	
	知觉能力		√	
	运动学习		√	
	经典条件反射		√	

(资料来源:韩布新,2002)

2. 语义记忆

相对于情景记忆,语义记忆的年龄差异很小,老年人与青年人之间语义启动无明显差异,部分研究甚至发现,老年人的语义启动效应高于青年人,导致这种情况的主要是教育因素,受教育程度越高,语义差异的增龄影响越不明显。尼尔桑等人1997年研究发现,年龄对语义记忆的影响主要表现在高龄老人身上,80岁以上高龄老人的语义记忆有所衰减。

1977年,沃尔什(Walsh)和鲍德温(Baldwin)二人用4个简单句组成一套实验材料,即树很高、树长在前院、树荫下站着一个人、人在抽香烟。并用这四个简单句组成一些复杂句,每个复杂句中含2~3个简单句。如"树荫下站着一个抽香烟的人""前院的树荫下站着一个抽香烟的人"等。要求不同年龄的被试阅读每个简单句及含有简单句的复杂句。然后向他们呈现三类句子,即老句子、新句子(由简单句新构成的复杂句)、不一致的句子,请被试回答是否阅读过它们。结果发现,人对句子的理解与记忆并不是对个别的词逐一认知之后再将其组合完成的,而是结构成一个有意义的概念或思想,对语义加以理解后进行记忆。在语义记忆方面,没有年龄差异。

这是因为老年人的知识和经验发挥着补偿作用。1979年,心理学家拉赫曼(Lachman)等人从历史、地理、文学、神话、传记、运动、圣经、新闻等方面选取了190个问题,对青年组(19~22岁)、中年组(44~53岁)、老年组(65~74岁)进行测试。结果发现,三个年龄组之间没有显著差异,甚至在有些问题上,老年人回答的正确率高于中青年人。1980年,波特温尼克特(Botwinick)等人通过实验得出同样结论,并认为其原因在于老年人的社会阅历和知识经验比中青年多。即使存在一定的年龄差异,也是由时代变迁过程中知识经验的内容构成所致,如老年人对以往的事情知道得多一些,青年人对当下事情知道得多一些,在语义记忆能力方面老年人并不逊于中青年人。

3. 实用记忆

研究发现,对日常生活的记忆即实用记忆不存在明显的年龄差异,老年人基本保持着与青年人的同等水平,如果所记忆的是老年人在日常生活中熟知的事物或者是对于老年人有重要意义的事件,老年人与青年人之间在记忆准确性方面差距更小,甚至没有衰退,历历在目,宛如昨天般清晰。

2000年,许淑莲、孙长华、吴振云等人研究发现,老年人的认知能力具有相当大的可塑性和潜能,特别是实用性的日常认知能力保持良好,解决现实生活问题的年龄差异小于解决实验室问题的年龄差异,实用记忆受增龄影响小。2001年,申继亮等人的研究同样发现,老年人自觉的日常问题解决能力随增龄下降,但没有明显的年龄差异。

4. 主观记忆报告

平日里老年人经常报告记忆力减退,丢三落四,忘东忘西,而日常生活中的许多事情又确实证明老年人存在着记忆问题。然而,2004年,心理学家旺(Wang)等人研究发现,在这些抱怨老年人中间,许多人客观测查记忆正常,主观评诉与客观结果不一致。同样,1999年,罗伯特(Rabbitt)研究发现,尽管在一般意义上老年人对记忆力下降问题的主诉较多,但老年人报告具体情境下的记忆失败次数却常常比年轻人少或无差别,没有表现出随增龄而上升。导致这种情况的原因可能是:① 老年人的自我评价较低;② 老年人在自我判断时受社会普遍的老年角色偏见的影响;③ 误将反应缓慢理解为记忆衰退;④ 青年人对自我记忆评判的不准确。

5. 其他特点

(1)"转身"现象。对刚刚发生的事情或者刚刚听到的信息,老年人能够不假思索地复述出来,但转身即忘。如刚刚放下电话,老年人能够记得对方报出的电话号码,一转身便再也想不起来;刚刚摘下眼镜,老年人知道眼镜放在何处,但倒杯水回来,就想不起眼镜放在哪里了。此即经常在老年人身上发生的"转身现象"。

(2)记远不记近。老年人往往对童年往事历历在目,纵然已经过去几十年,讲述起来依然清晰明了,栩栩如生。但经常想不起发生在十天、八天前的事情,在这些事情上显得十分健忘。有位老人怕因自己记性不好耽搁事情,特意准备了一本"备忘录",有事便记在上面,随时随地提醒自己,可就是这样,经常事到临头,连"备忘录"也不知放到什么地方了。

(3)记大不记小。老年人对于那些对自己有特殊意义的事件或者社会重大事件记忆清晰,甚至记忆犹新,如许多老年人都能够不假思索地一口气报出自己参加工作的时间、入党的时间、参加某场战役的时间、自己结婚的日子,以及孙子的生日,等等,而对于身边的一些琐事却经常忘记。如老年时的著名妇科专家林巧稚,一天,她正在工作,有人把几节电池送到她的桌上,她抬起头不解地问道:"为什么给我电池?"来人说:"林教授,是您让我去买的。"听此言,林教授出于礼节打开钱包,但还是心存疑问,说:"谢谢!不过……不过…… 不过你是谁呀?""怎么您连我的名字都忘了?"来人十分惊讶。可正在此时,门外传来敲门声,一位病人家属前来探望却不知病人住在哪里,面对询问,林教授不假思索地一口气报出这个病人住在哪一间病房,哪一张床。前后两个意义完全不同的事情,林巧稚老人的两种行为反应,充分说明了老年人"记大不记小"的记忆特点。

(4)机械记忆弱,理解记忆强。老年人不善于死记硬背,面对一串数字、一堆英文单词,老年人经常感到记忆困难,所表现出来的记忆能力也远不如青年人。但老年人擅长理解记忆,凡是他们理解了的知识,记得快、记得准、记得牢。心理学家曾做过一个实验,给出两项学习任务,一项是机械记忆,另一项是理解记忆,要求老年人和青年人同时记忆。结果发现,在机械记忆学习中,老年人的学习成绩明显低于20~30岁青年人的成绩;而在理解记忆学习中,老年人的学习成绩与青年人的成绩不相上下,理解记忆是老年人所长。下表是几种认知能力的年老化倾向程度(见表3-3):

表 3-3 几种认知能力的年老化倾向

认知功能	正常衰退趋势	正常老化	严重衰退
阅读	变化最小	—	—
词汇	↑	—	—
长时记忆	↓	＋	＋
短时记忆	↓	＋	＋
系列学习	↓	＋＋	＋＋＋
延迟回忆	↓	＋＋	＋＋＋＋
运动速度	↓	＋＋	＋＋＋
视觉运动技能	变化最大	＋＋	＋＋＋＋

说明："—"指没有变化或有很小变化；"＋"指微小衰退；"＋＋"指中等衰退；"＋＋＋"指严重衰退；"＋＋＋＋"指疾病导致的严重损害。

（资料来源：尼尔森，1998）

第三节 记忆老化的主要理论

已有的心理学研究对记忆老化的原因提出了多种不同解释，概括起来有毕生发展观、加工理论和系统理论三种。

一、毕生发展观

1987 年，P. B. 巴尔特斯（P. B. Baltes）提出毕生发展观，两年后根据国际上有关研究进展进行补充修正并最终完成。

毕生发展观认为，心理能力的发展贯穿于人生的全过程，生命从胚胎到老年整个人生都是一个获得、保持、变化和损耗的适应过程，发展如影相随，无处不在，而不是在成年前完成的。心理能力的差异不绝对表现为年龄差异，更多的是时序差异，有些心理能力发展得早，衰退得也早；有些发展得晚，衰退得也晚；有些心理能力的发展在中青年时期达到高峰后便止步不前，有些则一直处于发展之中，直至老年。发展不是青年人的专利，老年人也有发展，同样，衰退也不是老年人的专利，青年人也有衰退。发展与衰退都不是阶段性的事件，而是终其一生的。

心理与行为的发展具有四个特点：

（1）动态性。动态性指心理与行为不仅根据年龄或机体情况改变，而且还随着个体的社会文化、历史条件以及个人的特殊经历而变化。成熟因素对儿童期影响最大；社会文化因素对成年期影响最大；个人因素如智力、个性、受教育程度、非常规性社会事件等对老年期影响最大。

（2）多维性。多维性指不同心理方面发展的趋向不同，方向、形式和速率各异。如感知觉，发展起步早，成熟早，衰退也早；抽象逻辑思维，发展起步晚，成熟晚，衰退也晚。

（3）多功能性。多功能性指不同机能的发展情况可以有不同轨迹。如视觉和听觉的功能通常与神经系统的退行性变化有关，日常认知能力的变化通常和个体的职业、受教育程度、社会活动等密切关联。

（4）非线性。非线性指心理与行为的发展与年龄并非线性关系，在不同年龄段有不同的变化速度。总体上说，人的心理过程终其一生，在任何阶段都是既有发展也有衰退，发展和衰退始终是既相互矛盾又辩证统一的两个方面，发展的含义不是一直朝着功能增长的方向运动，而是由获得和丧失相互作用、共同构成的。

在老年期，虽然老年人的生理机能有所衰退，但由于"心理的、社会的、物质的和以知识为基础的象征性的"文化的积累，文化对发展的促进作用随增龄在增加，有效的创造性的资源利用，为老年人的发展提供了机会，尤其是在老年人熟悉的领域，生物学上的缺陷恰恰成为老年人发展的某种基础，即适应能力正向改变的前提，文化发挥了重要的代偿作用。如一个心理学实验中，一组老年打字员和一组青年打字员比赛。结果发现，老年打字员对单个字的反应速度不如青年打字员快捷，但他们的理解能力却远在青年打字员之上，工作绩效与青年人旗鼓相当。这就说明老年人的反应能力虽然有所衰退，而理解能力非但没有衰退，反而随年龄增加而增长。

巴尔特斯认为，发展是文化和生物体相互作用的结果，老年人生物学状况上的缺陷不仅孕育着成长的机制，还影响着个体的发展。当一个人进入老年之后，他自身以及社会力量都会投入更多的努力来调节和代偿年龄所造成的生物学缺陷，从而形成新行为、新知识、新能力和新价值，其结果是带来新的、更高水平的发展。因此，从本质上说，老年人的心理能力仍然包含着一定的可塑性，具有发展的内在潜能，巴尔特斯指出："在一生的早期阶段，向一个认识愈来愈成熟的机体变化是很规律的。与环绕生命早期部分的全面规则性相反，成年期和老年期的特征是更多的变异性和可塑性。"他曾对60～80岁的老年人进行短时间的认知训练，发现经过训练后，这些老年人的认知能力迅速增强，成绩大幅提高，与没有经过训练的青年人持平。我国心理学家许淑莲在对老年人进行了10次数字符号训练后，每一位老年人都取得了明显进步，平均成绩甚至略超过青年人。这充分说明，老年人同样拥有发展的空间，同样拥有发展的潜力，只要努力，方法得当，完全可以学习新知识，掌握新技能。

表3-4是1985年R. J. 斯腾伯格(R. J. Sternberg)对30岁、50岁、70岁年龄组进行智力研究的结果，从一个侧面验证了巴尔特斯的理论。

表 3-4 30 岁、50 岁、70 岁个体智力的主要特征

30 岁

1. 解决问题的新颖性

(1) 对获取知识与了解新事物很感兴趣
(2) 表现出好奇心
(3) 敢于对公众媒介呈现给人们的内容质疑
(4) 能够用各种各样的新概念进行学习和推理
(5) 能够以新的和独特的方式分析问题

2. 晶体智力

(1) 是自己领域内的行家里手
(2) 能胜任工作
(3) 能从给出的信息中得出结论
(4) 言语清晰
(5) 讲话富有智慧

3. 日常生活能力

(1) 良好的大众意识
(2) 能够根据生活情境调整自己
(3) 对自己的家庭及家庭生活很感兴趣
(4) 能很好地适应环境

50 岁

1. 解决问题的新颖性

(1) 能够以新的和独特的方式分析问题
(2) 能够知觉与贮存新信息
(3) 能够用各种各样的新概念进行学习和推理
(4) 表现出好奇心

2. 日常生活能力

(1) 能够根据生活情境调整自己
(2) 对人与事富于竞争力
(3) 能很好地适应环境
(4) 知道自己专门知识领域以外的事件

3. 社会能力

(1) 举止得体
(2) 高尚的价值观念
(3) 对自己的家庭及家庭生活很感兴趣
(4) 良好的大众意识
(5) 是自己领域内的行家里手

70 岁

1. 流体智力与晶体智力的混合物

(1) 词汇丰富
(2) 阅读内容广泛
(3) 能够理解反馈信息并做出相应反应
(4) 能从无关信息中筛选出有关的信息
(5) 能从给出的信息中得出结论

2. 日常生活能力

(1) 思想与行动都充满智慧
(2) 对事物富于觉察力
(3) 三思而后行
(4) 能够适应有挫折的生活情境
(5) 知道自己周围正在发生的事情

3. 认知投入

(1) 表现出好奇心
(2) 胜任工作
(3) 正确评价青年人和老年人
(4) 对自己的家庭及家庭生活感兴趣

(资料来源:斯腾伯格,1985)

二、加工理论

1. 加工资源理论

该理论认为,由于记忆加工资源有限且随增龄而逐渐减少,从而导致记忆等多种认知功能下降。所谓资源,包括两类:一是"容纳、接受、存储或调节的能力";二是"掌握和分析思想、处理问题的能力"。资源具有基础性,介于神经生理因素和更高级的认知因素之间,是基本的心理能力。该能力与信息对于记忆的重要性是相对的,因任务不同而变化;同时,在记忆差异中扮演重要角色。

2. 注意容量说

该理论认为,注意容量是主要的记忆资源。个体对刺激的记忆加工,一般有两种方式:一是控制加工,所需记忆容量较大;二是自动加工,所需注意容量较少。相对于中青年时期,老年人的注意容量减少,因而出现记忆下降的情况。尤其在需要较多的注意容量的控制加工方面,年龄差异明显。1994年,考斯勒(Kausler)研究发现,面对同样的记忆任务,老年人倾向于将信息以较为概括和自动化的方式进行编码,对上下文中有特殊价值的信息关注很少,编码时也表现出更多的困难,这种情况导致记忆成绩远不如中青年群体。

3. 抵制机制说

该理论认为,有效的记忆应该是能够激活与当前任务相关的信息,同时抑制那些与当前任务无关的信息。老年记忆力下降的原因就在于老年人无法有效地抑制那些无关信息,而导致应该得到激活的信息不能够充分激活,应该被有效抑制的信息又不能够得到完全抑制,因而,影响到老年人的记忆容量和记忆效率,表现出来就是记忆下降。2000年,巴罗塔(Balota)做了一个实验,向不同年龄组的被试者首先呈现一个非目标刺激,接着呈现目标刺激,对前一个刺激需要加以抑制,后一个刺激则需要记忆。实验发现,由于先前的抑制,老年人对目标刺激的反应速度减慢,记忆成绩低于青年组。

4. 知觉速度说

该理论认为,由于老年人知觉速度减慢,进而影响到其他认知加工,其中包括记忆,使得记忆信息编码较浅,组织程度较低,信息搜索和提取的速度缓慢,并且由于新旧信息之间联结速度过于缓慢而导致理解困难,因此,老年人记忆下降的原因并非记忆本身,而是知觉速度缓慢的结果。

三、记忆系统理论

该理论认为,记忆是一个包含着一些子系统的母系统,记忆的年龄差异并非经常是不同年龄群体之间母系统的差异,而是母系统中的个别子系统的差异。也就是说,同一记忆系统中,在老年人与中青年人之间,有的子系统不存在年龄差异,有的子系统存在年龄差异,差异不是绝对的,而是相对的;不是整体的,而是部分的。如情景记忆的年龄差异明显,语义记忆几乎没有年龄差异;外显记忆年龄差异明显,内隐记忆几乎没有年龄差异;再认的年龄差异较小,回忆的年龄差异较大;当任务对认知资源需求量较小时,记忆的年龄差异缩小;当任务对认知资源需求量较大时,记忆的年龄差异扩大;编码充分的记忆年龄差异较小,编码不充分的记忆年龄差异较大。这说明,记忆在有些方面受老化的影响,有的方面不受老化的影响,或者受影响的程度不尽相同,不能一概而论。

第四节　心理关爱的方法

一、加强训练,有效提高老年人的记忆能力

在没有严重疾病的情况下,老年人的记忆功能具有一定的可塑性,且在部分情况下可以延缓衰老或得到一定程度的逆转。大量研究表明,训练对于提升老年人的记忆能力非常有效。采取适当的干预措施,改善老年人的信息加工过程,老年人的记忆能力可得以保持甚至提高。2000年,许淑莲研究发现,经过"制造意义联系法"训练的老年人,记忆测验成绩提升71%,达到未经过训练的青年人的水平;经过"位置法"训练的老年人,记忆成绩比未训练前提高5倍。另有一项观察研究发现,训练前,老年人在浏览一份较长的随机单词表后,能够回忆出来的单词不到5个,远低于青年人。但在经过5次记忆课程训练后,能够回忆出来的单词量增加了3倍,达到15个,超过了没有经过训练的青年人的成绩。因此,罗威(Rowe)和卡恩(Kahn)认为,大多数老年人所担心的伴随衰老而来的记忆能力减退是可以预防的,训练是保持记忆力的绝佳方法,这包括除专业的系统训练外的阅读、有意识的努力回忆、从事创造性活动、学习新知识和新技能等。

二、积极鼓励,帮助老年人建立积极的生活态度和自信心

大量研究揭示,生活态度和自信心是影响老年人记忆能力的重要的心理因素。积极的生活态度、对生活有控制感以及能够自信地选择生活的老年人,记忆能力保持良好,反之,则衰退明显。其原因在于这些良好的心理素质能够有效地激发他们内在的正能量,他们愿意尝试改善自己,并为之甘愿付出更多努力,这就使得记忆能力的提高成为现实。在这方面,我们需要做两项工作:

(1)帮助老年人充分认识自己的人生价值和意义。通过宣传和讲解,让老年人认识到,虽然因为年龄退出了工作,但绝没有退出生活,也绝没有丧失人生的价值和意义,只要我们自己不以"老"为借口,把自己有意无意地置于社会之外,就能够发现人生的落点,获得一份充实的生活。2002年联合国第二届世界老龄大会报告指出:"今天的绝大多数老年人并没有表现出心理和生理功能衰退的征兆,而是保持着一定水准的健康,使他们在社会上和经济上可以过一种生产性的生活。""从工作中退休下来的老年人和那些患病或有残疾的人,仍然是他们家属、亲友、社区和国家的积极贡献者",老年人是社会发展不可缺少的重要的人力资源,并且是"没有一个社会能够不予开发的"人力资源。

"老年人的技能、经验和资源是一个成熟、充分融合、高尚社会发展的宝贵财富",创造条件让老年人回归社会,重返"不仅仅是体力活动和劳动"、更包括"社会、经济、文化、精神和公益事务"在内的各个实践领域,参与所在社会的经济、社会、文化和政治生活,充分发挥其技能、经验和智慧,不单纯是出于人道主义对老年人的尊重,更是人类社会发展的内在需求,"老年人需要社会,社会更需要老年人"。

研究发现,充分认知自己的人生价值和意义,有助于提升个体的自我效能感,即个体对自己处理不同情况和解决不同问题的能力信念。积极的自我效能感能够使个体更有信心地应对生活中的各种挑战,提高自尊心,改善日常生活的表现和对问题的解决能力。

(2) 帮助老年人建立正确的衰老观。不要经常自我暗示"我老了"。"老"不是一个简单的字,在它的背后,隐藏着有关老年人的文化观念。我们的一项调查发现,相同年龄、同等健康状况的老年人,其中一些尚未形成老年意识,另一些已经形成老年意识,二者在心理和生理方面差别很大,前者更加乐观、自信、进取,自我评价高,情绪稳定,有生活热情,更多地考虑能为社会做些什么,对未来抱有积极的心理期望。后者消沉、沮丧、退缩、缺乏自信,自我评价低,情绪波动大,生活热情减退,常有"譬如朝露,去日苦多"的凄凉感,对那些即便是自己有能力完成的事情也没有勇气承担,格外留恋人生,强烈渴望多活些时日,但又缺乏明确的生活目的。同时,这部分老人的患病率远高于前者,如果二者患有同样的疾病,后者的用药过程一般较长,康复速度较慢,愈后效果也较差。

可见,老年人应该经常对自己说"我不老",多给自己一点生活勇气,经常给生命注入新的活力,即便是病痛缠身也不能轻易放弃,不能主动缴械投降,要敢于同命运抗争,敢于向自己挑战,做自己生命的主宰。在老年问题上,服老与不服老是辩证的,人要有一点既服老又不服老的精神,服在自然年龄上,不服在心理上,人固然留不住岁月,但可以留住朝气和活力,留住一颗年轻的心。青春是一种内在的精神,一种完善的人格,一种对祖国、对事业的真诚奉献,正如一位诗人所说:"青春是我们走向二十一世纪的脚步,是我们耕耘祖国的时候流下的汗水,是建设者们数十年后挂在嘴边的回忆。"在这个意义上,人永远不会老!

(3) 帮助老年人以长搏短,在巧记忆中找信心。研究发现,老年人对信息的认知有三大认知优势:

第一,善整合。由于经验丰厚,老年人在学习中比中青年更善于发现知识与知识之间的内在关系,将它们整合在一起,形成新的认识。

第二,巧联系。老年人善于发现新知识与自己经验和原有知识之间的联系,找到二者之间的共通性,将已有的知识和经验注入新知识中,以此来解释新知识,理解新知识,记忆新知识,达到融会贯通。一项实验发现,当老年人发现新知识与自己原有的知识经验之间存在着某种联系的情况下,老年人的学习成绩与20岁青年人的成绩相差无几,新知识与老年已有的知识和经验联系越紧密,老年人的学习成绩越好,甚至超过青年人。另一个实验发现,呈现7个词汇"男孩、小船、小山、香蕉、太阳、白云、湖水",要求老年人迅速记住。实验中有位老年人立刻想到自己带孙子划船的事,脱口而出"小船在湖水里荡漾,白云悠悠,小山青青,太阳烤人,可我们一点儿也不觉得,男孩高兴地坐在船上吃香蕉",丰富的联想反映出老年人认知的特点。

第三,富理解。正因为老年人善于发现知识之间的联系,所以老年人在记忆时特别擅长通过对知识的理解达到记忆目的。

这三个特点赋予老年人以独特的记忆优势,恰如世界上一切事物都存在着"有无相生,难易相成,长短相形,高下相倾,音声相和,前后相随"的辩证机理一样,老年人记忆能力的改善同样需要扬己所长,避己所短;扬己所强,避己所弱;以长补短,短能变长;以强补弱,弱能变强,充分发挥自身的优势,以此克服所面临的不足,这样做能够有效地帮助老年人提升记忆能力,从而建立自信心。

3. 不急不躁,建立平和的记忆心态

心理学研究发现,情绪与记忆之间呈倒"U"型关系,适度紧张的情绪有助于提高记忆效率(如图3-5所示)。如果情绪过于松懈,记忆则缺少被激活的内在动力;而如果情绪过于高昂,二者之间的共进关系则出现逆转,情绪干扰记忆的进行,成为记忆的干扰因素。由此,情绪是影响记忆的一个重要因素,紧张适度的情绪有助于激发心理能量,提高记忆效率;消沉低迷的情绪使人处于松懒状态,降低记忆效率;而急躁激昂的情绪让人高度兴奋,构成对记忆活动的干扰。所以,情绪的适度非常重要。

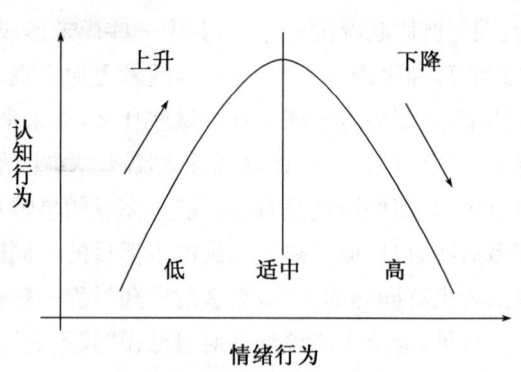

图3-5 情绪水平和认知变化曲线

一般情况下,老年人在面对记忆任务时,容易出现神经系统在一瞬间不自觉地处于紧张状态和警觉水平,心理唤醒水平迅速提高,情绪高度激起状态,紧张焦虑。如果伴随着高强度的动机,希望迅速地记住全部信息,渴求取得优异成绩,则会加剧情绪的紧张感。而其结果经常适得其反,紧张焦虑的情绪、急于求成的心态反而使得老年人无法冷静地思考问题,无法周密地分析问题,无法获得所希望的学习成效,情绪反而成为对记忆活动的干扰。因此,我们要帮助老年人建立平和的记忆心态,鼓励他们采用"小步前进"的方式,由简入繁,由浅入深,由易到难,循序渐进,逐步推进,不可情绪急躁,不可期望"一步登天""一口吃个大胖子",帮助老年人逐渐找回自信,增强记忆兴趣,提高记忆成效。

(1) 记忆内容不宜过多。受生理衰退的影响,老年人的认知阈较窄,抗干扰能力较弱,记忆中如果同时安排大量的信息,或者在前一个记忆信息没有巩固之时又记忆第二个信息,容易导致老年人记忆困难,或因两个信息之间不一致而产生记忆困扰。因此,最适合老年人的记忆的是一段时间安排一项内容,循序渐进,一个一个信息逐一学习,逐一记忆,一步一个脚印地向前走,日积月累,水滴石穿,最终达到记忆目的。

(2)记忆速度不宜过快。因生理退行性变化的缘故,一般情况下,老年人更适宜从容不迫地记忆任务,信息输入速度快,学习节奏快,反而会使得老年人记忆成绩下降。与青年人相比,老年人在记忆方面所追求的不是速度,而是毅力,即对知识不懈追求的坚韧不拔的毅力,如同《礼记·中庸》中所说,"有弗学,学之弗能,弗措也。有弗问,问之弗知,弗措也。有弗思,思之弗得,弗措也。有弗辨,辨之弗明,弗措出。有弗行,行之弗笃,弗措也。人一能之,己百之;人十能之,己千之。果能此道矣,虽愚必明,虽柔必强",积极努力,不惧困难,坚强勇敢,以这种心态去以柔克刚,以少胜多,一定能一点一点地接近知识的彼岸。

(3)坦然面对遗忘。遗忘是自然规律,有记忆就有遗忘。面对遗忘,不要自我谴责、心灰意冷,甚至悲观消极、自我放弃,要相信一时不能再认或回忆的东西,是因为记忆系统受到干扰或抑制,只要不放弃,再认或回忆不起来的东西随时可能突破干扰或打破抑制,在头脑中再现。与此同时,可以用以下几种方法加以积极补偿:

第一,身边带一本小本子,把重要的事情随手记下来,以防止忘记;

第二,身边带一本小本子,把随时想到的东西及时记下来,以防止再度忘记;

第三,在记忆某个事物或事件时,把它放在前后联系中进行记忆,不要孤立地死记硬背;

第四,对于一定要记住的东西,要及时复习,反复复习,以强化记忆。

「心理关爱小贴士」

1. 开展多种形式的心智训练,延缓老年人记忆衰退的现象。
2. 积极创造条件,提高老年人自主生活能力。
3. 传授有效的记忆方法,唤醒老年人的内在潜能。

▶ 关键术语 ◀

记忆、遗忘、老年人记忆特点、记忆老化理论

▶ 分析思考题 ◀

1. 什么是记忆?记忆有哪几种类型?这些类型各自的特点是什么?
2. 老年人的记忆特点表现在哪些方面?
3. 毕生发展观的基本内容是什么?结合老年人的记忆特点,谈谈你的认识。
4. 在记忆方面,我们需要做哪些事情来关爱老年人?结合自己的实践经验,就其中一点谈谈你的体会。

第四章 老年人的语言和思维

> 语言作为工具,对于我们之重要性,正如骏马对骑士的重要性。 最好的骏马适合于最好的骑士,最好的语言适合于最好的思想。
>
> ——但丁

▶ **学习目标** ◀

1. 掌握语言和思维的基本概念、特征及分类。
2. 重点把握老年人的语言特点、唠叨的本质。
3. 了解老年人的语言障碍及预防措施。
4. 重点把握老年人的思维特点、思维衰退的表现。
5. 关注并警惕老年认知障碍,给予他们特别的关爱。

▶ **开篇案例** ◀

外公 85 岁了,最近发现一些现象:(1) 和他交流还是没有问题的,只是有时候让他选择,比如:吃苹果还是橘子,他会等 3~5 秒才回答;(2) 他会无意识地摆弄东西,比如要把桌上的东西移一下位置,在我看来这完全没有必要;(3) 我告诉他,晚上起床一定要开灯,他记住了,但是有时候睡午觉起床也会开灯,但是屋子本来就是大亮的;(4) 他老是疑心门外有小偷,有时候一晚要开几次门看……

上述种种迹象表明,老年人到了一定阶段,他们的语言、思维连带他们的行为都发生了较大的改变,是正常的还是异常的?是普遍现象还是个案?是年龄使然还是疾病所致?这正是本章所要着重讲述的内容。

第一节 语言的基础理论

人类大脑皮质的退化和衰老是渐进式的,通常进化越高级的组织系统可能越容易衰老和退化。语言、思维中枢是人脑的最高级中枢系统,它们的衰老和退化又直接受人体其他器官系统的影响。这种衰老和退化除了有老年病为病理基础外,还有遗传性因素、心理疾病及相关因素的影响。

一般情况下,对于一个身体健康的成年人来说,行动速度会随着年龄增长而逐渐变得缓慢,尤其对那些需要协调心理运动才能完成的工作的适应能力也会相应下降。然而有迹象表明,对那些身体健康的"年轻"老人来说,认知发展并未因此中断。一项时间长达11年、对从60岁到90岁的身体健康、受过教育的老年人的纵向研究结果表明,这些老年人的智商即使10年后也并没有下降,语言方面的智商甚至比年轻15岁到20岁的成年人还要高些。当然,在很多情况下,我们会经历开篇案例中的一些状况。

一、语言的一般概念

1. 基本概念

语言是人类拥有的一种非常神奇的能力,它能使我们相互交流思想、抒发情感,是人脑特有的功能,在人类生活中具有特别重要的意义。

语言是一种社会现象,是人类通过高度结构化的声音组合,或通过书写符号、手势等构成的一种符号系统,同时又是一种运用这种符号系统来交流思想的行为。

我们一般所说的语言,指的是用于交际的所有语言,它包括各种具体语言及这些语言的变体。比如:汉语是一种具体语言,而普通话、上海话、广东话等都是它的变体。

2. 语言的特征

(1) 创造性:表现在人们使用有限数量的词语和合并这些词语的规则,便能产生或理解无限数量的语句,这些语句是他们以前从未说过或听过的。

(2) 结构性:语言符号不是离散、孤立地存在的,而是作为一个有结构的整体而存在的。不同语言的具体结构规则是不同的。

(3) 意义性:语言中的一个词或一句话,都有一定的含义,这种意义性使得人们能够相互理解、相互交流。不能传达任何意义的语言都不是正常的语言。

(4) 指代性:语言的各种成分都指代一定的事物或抽象的概念。正是由于语言具有一定的指代性,人们才能理解抽象符号所代表的意义。

(5) 社会性与个体性:语言是个体运用语言符号进行的交际活动,具有社会性。人只能使用社会上已经形成的语言,用词来表达意义也只能是约定俗成的。另外,语言交流发生在人与人之间,一个人说话的内容,常常会受到别人的影响,这说明语言具有社会性。语言行为同时又是一种个体的行为,它和个体生存和发展的具体条件分不开,因而具有个体的特点,比如:有人说话鼻音比较重,有人说话慢吞吞,等等。语言活动的这些差别,表现了个体心理—生理活动的一些特点。

3. 语言的种类

语言活动通常分为两类:外部语言和内部语言,外部语言又包括口头语言和书面语言。它们具有各自不同的特点。

(1) 对话语言。对话语言是指两个人或几个人直接交际时的语言活动,如:聊天、座谈、辩论等。它们是通过相互谈话、插话的形式进行的。一般认为,对话语言是最基本的语言活动。其特点是:① 它是一种情境式语言,与交谈双方所处的环境有密切联系,因而是"前后呼应"的。② 它是一种简略的语言。对话语言的情境性带来了这种语言特有的简略性。③ 它是对话双方的直接交际,是对话双方互相支持的语言。④ 它常常是一种反应性语言。交谈双方需要随时根据对方的谈话来调整自己的谈话,需要考虑谈话时的具体情境,不可能完全按预定计划进行,因而也是反应性的。

(2) 独白语言。独白语言是个人独自进行的,与叙述思想、情感相联系的,较长而连贯的语言,表现为报告、讲演、讲课等形式。其具体特点是:① 它是说话者独自进行的语言活动,它的支持物是自己谈话的主题和自己所吐露的词句,因而不同于对话语言。② 它是一种开展的语言,说话者要注意语流适当、发音清晰、语调具有变化,有时还要配合适当的表情和手势,这样才能吸引住听众。③ 它是有准备、有计划进行的语言活动。事先的准备与计划对运用这种语言形式具有重要的意义。

(3) 书面语言。一个人借助文字来表达自己的思想或阅读来接受别人语言的影响,它的出现比口语要晚得多。它的特点如下:① 随意性。在用文字表达自己的思想时,它允许字斟句酌、反复推敲;在阅读别人写出的东西时,它允许反复阅读难懂的地方。② 开展性。它要求用精确的词句、正确的语法和严密的逻辑进行陈述,既要避免词不达意,又要力戒"言过其实"和"空话连篇"。③ 计划性。这种计划常常以腹稿、提纲等形式表现出来。

(4) 内部语言。内部语言是一种自问自答或不出声的语言活动。它的特点如下:① 隐蔽性。它是一种不出声的语言,以语音的隐蔽性为特点。它的本质是需要语言器官的参与,只是外部标志——语音不显著罢了。② 简略性。这和它执行的功能有关。它不是一种直接用于交际的语言,不存在别人是否理解的问题,因而常常以十分简略、概括的形式出现。

二、语言的生理机制

1. 语言的发音机制

语言和自然界的其他声音一样,是由振动着的物体发出的。这个振动的物体就是人的发音器官,它由三部分组成:① 呼吸器官;② 喉头和声带;③ 口腔、鼻腔和咽腔。

2. 语言的中枢机制

语言活动具有异常复杂的脑机制,它和大脑不同部位的功能具有密切的联系。其中起主要作用的有左半球(对大多数人来说)额叶的布罗卡区(Broca's area)、颞上回的威尔尼克区(Wernicke's area)和顶—枕叶的角回(angular gyrus)等。近年来随着研究的深入,学者们又认为语言的加工可能分布在脑的更广泛的区域内。这种观点得到了越来越多的神经心理学家和心理语言学家的证实。

三、语言功能障碍

语言障碍是大脑高级功能障碍的一个敏感指标,在自发言语中,明显地找词困难是首先表现出来的语言障碍,具体表现为:由于口语中缺乏实质词而成为不能表达意思的空话；或在找词困难时,用过多的解释来表达说不出的词而成赘语等。

语言功能的各种障碍(比如：失语、失读、口吃、语言杂乱、阅读失能等)不仅会严重影响人们的正常生活、人与人之间的交往,而且对个体心理和人格的正常发展都将产生严重的影响。以失语症为例,由于患者受损脑区的不同,可分为布罗卡失语症和威尔尼克失语症:前者以口头语言表达困难为主要特征,后者则以听觉语言理解困难为主要特征。科学研究表明,人在说话时要动员大脑的许多部分活动起来,在陌生人面前讲话时尤其如此。所以谈话是对大脑相应部分的良好刺激,会使大脑兴奋活跃、思维敏捷、功能增强,从而推迟大脑的衰老。

四、语言是老年人的"健康观察哨"

(1) 老人的语言一旦出现迟钝、吐字不清或语言不利、语声朦朦胧胧的情况,要考虑脑组织的病变,如：脑组织软化、脑萎缩、大脑缺氧或因脑病康复以后产生的一些现象,应立刻引起注意。

(2) 老人一旦出现了言语无力、迟滞反复、总说一句话总讲一件事的情况,精神恍惚自言自语,喃喃独语而不停,这种情况多是因为老人产生了心理障碍或有抑郁症,应予以注意。

(3) 患有孤独症、缄默症的老人都有明显的语言障碍,语言反应低下,在语言交流问话中表现极度迟缓,问话不答,说话无声,沟通困难,这种情况常出现在痴呆症的老人身上。

(4) 患有高血压心脏病的老人,一旦出现语言激烈,言语烦躁的现象,为一件事争执不休甚至失去理智。在这种情况下,我们应当注意高血压心脏病的爆发。

(5) 老人患有耳聋症听力障碍,也会产生语言反应迟缓的问题,这种情况下,只要老人及时到医院就医解决听力障碍,就会恢复健康,排除语言迟钝的现象。

第二节　老年人的语言特征

一、老年人语言的一般特征

提及老人,人们难免会有这样的"偏见"：老年人体质虚弱、认知能力下降、社会交际能力减弱等,而且年岁偏大的老人还经常沉浸在个人的语言世界中,带有自我中心的特点。经过科学的验证,这些特征中有一部分(比如：话语重复次数多、语调偏低、语速缓慢等)是符合事实的,而有一些观点还尚待证实。

俗话说：树老根多,人老话多。老年人一旦上了年纪之后,说话就开始重复,早就过去的一件小事也会唠叨个不停,而且对自己的想法和观点还深信不疑,决不屈从别人的意见。事实上,老年人由于生理衰老的原因,开始显得精力不够充沛,许多事情自己不能直接参与,或者无法再像年轻时那样从容和潇洒地把事情做得较为理想。因此,他们只好通过说话来表达自己内心的想法和情绪,这样他们才会心理平衡。同时由于自尊心的强烈作用,老年人对自己的态度和观点都会进行坚决的维护,也就是心理学上说的自我防卫。这个时候,老年人为了排除寂寞,也会借助重复和唠叨的语言为自己的生活增添一点热闹的气氛;老年人最善于津津乐道的就是自己的陈年往事、自己以前取得的成绩,这也是为了能得到一点心灵上的慰藉,以解脱现时的空虚和无奈。

二、老年人语言的独特性

老年人语言的最大独特性表现为对某一现象或事物以一种或多种类似的语言反复地、间断地、较长时间地叙述表达。具体有五方面特征:① 重复性:反复讲述同一内容,不厌其烦,不嫌其累。② 长时性:唠叨的重复次数可达几十遍,甚至间断持续数天、数月、数年。但实际上一般情况下人们为了强调重点而进行重复的次数不会超过三遍。③ 迁移性:诉说的对象可以随时变化,由此及彼,跳来跳去,听者经常摸不着头脑。④ 不自主性:当老年人反复说一件事时往往并非"故意为之",对这种反复述说缺少明晰的意识。比如:有些老年人在事前告诫自己不要进入"唠叨状态",可是一旦说开,就完全不受意识控制了。⑤ 性别差异性:一般情况下,女性述说较多、男性较少。

老年人述说的内容,几乎无一例外地要与自己的"过去经历"(包括过去的成功经验,也包括挫折、教训)有关。

(1) 宣泄型。由于老年人的生活一般比较单调,很容易积累不快心情、郁闷情绪,一旦机会来临,他们必然会不由自主地向"听众"诉说。而"心情"之类的东西又必须依附于具体对象。因此,该"对象"便被反复"依附",直至完全"宣泄"掉郁闷心情。然而,郁闷心情还会产生,被"利用"的对象就会被反复"利用",唠叨便形成了。

(2) 回味型。由于老年朋友参与社会现实活动的能力逐渐退化,但其思维能力退化则慢一些,所以经常将看到的现实与自己过去的经历相比较,或者"发掘"过去的"优势",或者"叹息"曾经的"挫折"。尽管这种"比较"没有实际意义,却能让老年人从中得到某种满足。老年人是在回味中生活,一遍一遍地回味,便成为唠叨了。

老年人语言之所以表现出这种独特性,主要有以下几方面原因:

(1) 现实信息的缺失,新的整合信息难以形成。由于老年期必然的生理功能衰退,很多老年朋友减少了户外活动,常以麻将、电视等为伍,由此造成身边现实信息的缺失。按照信息加工的原理,过去储存在大脑中的信息编码,必须与近期储存的信息编码相整合,才能形成新的信息编码,从而使新的知识、新的思想等储存起来支配自己的思维。很多老年朋友的大脑中没有或者很少有这种"整合",一旦只有过去的信息编码,就必然"支配"思维不断地重复过去了。

(2) 现实情感的缺失,其他弥补途径不畅通。由于老年人的活动范围日益缩小,而其情感需求仍然存在,于是二者之间会发生矛盾:一部分情感需求难以得到满足。本来各种情感需求之间可以相互弥补平衡,但是很多老人不明白如何去平衡,于是便形成

"情感渴求"状态。这种状态一旦超过临界点就会导致心理障碍。在临界点范围内,主体会"自我保护",不自觉地寻求"解渴"途径,正所谓"慌不择路",老年人选择其自身最大的"优势"(即具备较多的人生经验)便顺理成章了。所以不得不说,通过不断地回忆过去来解决自己的现实情感渴求即老年人唠叨的实质所在。

三、老年人的语言障碍

一般情况下,人在 30 岁以后知觉运动能力开始慢慢衰退,而语言能力要到 60 岁以后才开始逐渐下降,75 岁以后急剧下降。经过对比性的科学研究,很多学者认为老年人主要衰退的是语言表达能力,而不是语言内在能力。

对于老年人来说,语言功能障碍通常反映的是思维功能的障碍。"他心里清楚,就是嘴上说出来很费劲。"日常生活中我们常常会发现老人们的这样一些现象:将简单的词语说错成其他的词语(如:会把"手机"说成"相机");说着说着就不知道说了什么;突然不愿意说话了;一些文化修养较好的老人突然之间写出的内容词不达意,等等。另外,阿尔兹海默病患者尤其会表现出语言功能的障碍,具体如下:

(1) 找词困难。主要表现在说话时找不到合适的词语,由于缺乏实质词汇而表现为空话连篇。阿尔兹海默病早期虽有找词困难的问题,但物品命名可能正常,"列名受损"则是阿尔兹海默病早期的敏感指标。随病情发展,自发言语愈益空洞,"命名不能"也愈益明显。首先是对少用名词的命名能力受损,随后对常用物品名称和亲属的名字也出现命名不能的情况,命名不能的同时出现错语。

(2) 阿尔兹海默病患者言语的发音、语调及语法结构相对保留至晚期,而语义方面则呈进行性受损趋势。随病程发展,语言的实用内容逐渐减少,且不适当地加入无关的词汇和变换主题;或由于找词困难而用过多的解释来表达,终成唠唠叨叨。"说话东拉西扯"正是这种症状的典型描述,说话者虽喋喋不休,听话者却不能从其谈话中理解其连贯思维。

(3) 阿尔兹海默病患者理解力发生严重障碍,常常答非所问,交谈能力下降,以致不能交谈,进而出现模仿语言和重语症,最后患者仅能发出不可理解的声音,终至缄默。在患病的大部分过程中,产生言语的机械部分仍正常,发音与其他初级运动一样不受损。随病情发展至后期才发生口吃和(或)含糊的咕噜声。

总而言之,老年性的脑萎缩可能会引发语言障碍。有一些简单的语言训练方法可以尝试:① 加强舌体运动,可使舌的动作得到改善,经过声带振动可使声带得到锻炼,经过口腔运动可帮助舌的运动,说话练习也反过来强化发音器官的功能;② 保持多种形式的锻炼以提高患者兴趣,训练内容可有绕口令、讲故事、提问,还可根据患者自身情况采取抢接、联句等形式;③ 如果出现了语言障碍,治疗须有高度针对性,比如:命名性失语的治疗应把重点放在对物品名称命名的训练上,读写困难者的治疗应把重点放在练习复述词句和书写训练上;④ 坚持天天学,天天练,但也不宜安排过多,操之过急。过多过重的练习反而会使老年患者将语言训练当作负担,甚至到后期产生强烈的抵触心理,适得其反。

四、怎样与老人建立和谐的沟通

（1）要了解老人们的环境。随着年纪的不断增长,老人们对于人情世故的态度也在不断淡化,大幅减少社交活动使他们在内心深处跟外部世界产生了隔阂,很多思想观念都与青年人大不相同。所以,要想更好地实现与他们的交际沟通,那就要全面地了解他们的生活环境,明白他们是否过得很好、很舒心。

（2）了解他们的健康状况。人们常说身体是革命的本钱,如果一个人身体欠佳,那么其他一切的生活活动都是毫无意义的。而老年人这一群体,是身体健康状况最不容乐观的社会群体。他们总是会出现各种各样的问题,除却那些严重的疾病,在他们之中最常见的当属视力下降、耳朵失聪、思考能力和理解力大幅下降。所以在与他们的沟通过程中,需要有足够的耐心和爱心。如果老人听不清,就多重复几遍;如果老人理解不了,就应该很有耐心地多加解释。只有实现了信息的互动,才有可能更好地实现我们与老人之间的沟通。

（3）说话要简洁明白,多加运用动作沟通。由于老年人都存在着听力下降的问题,所以在交流中,需要充分考虑他们的信息接受能力,说话要清楚明白,尤其不能使用别人听不懂的方言。动作语言是一种很有用的交际用语,在与老人的沟通中,如果出现了解决不了的问题,就要学会运用眼神或是手势语来表达我们的想法。

（4）避免运用复杂的语言。当我们要向一位老人传达想法或意见时,不要运用太过复杂的话语或所谓的网络流行语,也不能用句子成分结构过于复杂的话语,因为他们分解不了。话要说得越简单越好,在不影响自己要表达的思想前提下,简单明了地组织语言。

（5）调整好说话的音量。在日常生活中,一旦我们听不清别人说话或电视节目时,我们就让对方大点声,或是调高电视机音量,但是在与老人说话过程中,千万不要这样做。如果因为老人听不清你说的话,就冲着老人大喊大叫,这是一件很不礼貌的事,在很大程度上会伤害到老人的自尊心。但说话声也不可以太小,那样的话,老人真的无法听清。所以要根据情况,掌握好度。

（6）沟通过程要慢一些,耐心一些,最重要的是要时刻面带微笑。我们都知道,老年人记性不是很好,一件事情,就算你刚跟他说过,一转眼,他也会忘得一干二净,如此一来,就只能麻烦你多说几遍,在他的脑子里形成深刻的印象,慢慢地来,让他一点一点地消化,这样才能达到你想要的效果。当然,在这期间,你要很有耐心,否则就会前功尽弃。在沟通过程中,要时刻面带微笑,因为笑容能够给人亲切感,拉近你们之间的距离,以更好地了解对方,加深沟通。

（7）鼓励老年人少说四种话,即:① 少说"丧气话"。有的老人就爱讲"咱们不行""倒霉的是我""我这一辈子活得太没劲了""我就是命太苦哎""我嫁到你们家太冤了""我娶了你太傻了"等。这些话只能使老人更易产生压抑感、产生自卑心理、丧失信心、闷闷不乐,不利于老年生活,更不利于自己的身心健康。② 少说"后悔话"。其实生活当中总有一些预想不到的事情或突发事件,如果因此而不停地后悔,也会影响老年人的生活和健康。后悔会使老人自责,形成悔恨心理,把自信自强的心态都抹去了。后悔的话说多了,就缺乏了对生活的信心,自暴自弃,老人自己就没有了生活的动力,这是非常可怕的。③ 少说"嗔斥话"。佛门常以"贪、嗔、痴、恨"为四大戒,嗔字即在其中。老人如果经常指责他人、嗔斥自己的老伴、不满意自己的孩子,话里话外都是不满意,总在生活小事挑刺找碴,这样的语言同样也不利于健康。一旦语言嗔之不止,老人的焦虑现象就会发生。④ 少说"多怒话"。老人语言不要多怒,多怒的语言不利于生活中的和谐与平静,老人语言过怒与自己的性格有关。老人一定要多告诫自己:多怒的语言是疾病的诱因,更是高血压、心脏病等老年病的首要导火索。老人一定要善于制怒,善于用温和的语言调节自己的生活。

第三节 思维的基础理论

人不仅能认识事物和现象的外部联系,而且能认识事物和现象的内在联系和规律。这种认识是通过思维过程来进行的。思维不同于感觉、知觉和记忆,但又是在感觉、知觉和记忆的基础上发展起来的。思维是一种更复杂、更高级的认知活动。在日常生活中,我们每时每刻都离不开思维。我们用它学习知识、解决问题;用它辨别真伪、识别美丑;用它探索新知、丰富我们的大脑。

1. 思维的概念

思维是借助语言、表象或动作实现的、对客观事物的概括和间接的认识,是认识的高级形式,主要表现在概念形成和问题解决的活动中。思维是一种探索和发现新事物的心理过程,具有三大特征:① 概括性:是指在大量感性材料的基础上,把一类事物共同的特征和规律抽取出来,加以概括。② 间接性:是指人们借助于一定的媒介和知识经验对客观事物进行间接的认识。从这个意义上讲,思维认识的领域要比感知觉认识的领域更广阔、更深刻。③ 对经验的改组:是指思维着重于探索和发现新事物,它常常指向事物的新特征和新关系,这就需要人们对头脑中已有的知识经验不断进行更新和改组。

思维是通过一系列比较复杂的操作来实现的,思维过程(或思维操作)包括了对外界输入的信息进行分析、综合、比较、抽象和概括。

2. 思维的分类

(1) 直观动作思维、形象思维和逻辑思维。这是最普遍的一种思维分类方式,主要依据思维任务的性质、内容和解决问题的方法。比如:普遍认为形象思维在问题解决中有重要的意义,艺术家、作家、导演等职业更多地运用形象思维;而科学工作者进行推理、判断,较多地运用了逻辑思维。

（2）经验思维和理论思维。前者凭借的是日常生活经验,后者依据的是科学概念和论断。

（3）直觉思维和分析思维。前者是人们在面临新的问题、新的现象时,能迅速理解并做出判断的思维活动,是直接的领悟性的;后者是遵循严密的逻辑规律、逐步推导,最后得出合乎逻辑的正确答案或做出合理结论的思维活动,等同于逻辑思维。

（4）辐合思维和发散思维。前者是指人们根据已有的信息、利用熟悉的规则解决问题,或者从给予的信息中产生逻辑的结论;后者是指人们沿着不同的方向思考,重新组织当前的信息和记忆系统中存储的信息,产生大量独特的新思想。

（5）常规思维和创造思维。前者是指人们按现成的方案和程序直接解决问题,后者是指人们重新组织已有的知识经验,提出新的方案或程序并创造出新的思维成果。

3. 思维的发展规律

一般情况下,思维能力经过少儿时期的成形阶段、青年时期的成长阶段,到了中老年时期已经趋于定型,这表现为人们的思维观念定型、思维方式定型、思维空间定型以及积累了大量的观察问题、分析问题和解决问题的思维范式,这些行之有效的思维范式一方面使大脑可以省去探索、思考的时间,高效率地处理问题,另一方面也使大脑的思维活动量大大减少。按照用进废退的进化理论来解释,大脑由于缺乏新的信息刺激和更深层次的发展,导致了大脑思维功能逐渐开始老化退化。大脑出现老化退化的征兆时,思维能力并不会马上表现出明显的衰退迹象,相反,在相当长的时间内还会保持一个较高的水准。

所以说,在所有心理机能中,思维是随年龄增长而衰退最慢的。事实上,很多老人退休后,自由支配的时间多了,可以从容不迫地思维;由于经历的事情多,经验更丰富,为深刻的思维奠定了基础;老年人的情感不易冲动,情绪对思维的干扰明显减少,思维能力可以得到正常的发挥。所以,不少老年人反而觉得自己的思维比年轻时还要好。但是,如果老年人认为自己退休了、不必要再去想那么多问题,变得不愿思考了,这样就真的会使自己的思维能力快速下降。

第四节　老年人的思维特征

[案例]　小王父亲是位退休干部。最近他说话老是滔滔不绝,口若悬河,新的想法不断出现。自己觉得脑子特别灵,但说话时经常前言不搭后语,思维缺乏一定的逻辑关系,联想混乱,内容散漫。他写作时爱做无关的拼凑,自创文字、图形和符号。回答他人的问题常常不切题,令人很难理解其言语的主题和用意,有时甚至令人啼笑皆非,使人感到难以与其正常交谈。他的推理常常既无前提,又无根据,因果倒置,甚至得出稀奇古怪的结果。小王父亲的思维为何出现了混乱?……

上述案例中老人的行为,初步判断可能是由老年退行性的脑萎缩引起,这种情况下会出现记忆力减退,思维反应迟钝,逻辑思维能力下降,判断力下降等表现症状。本节将具体阐述老年人的思维特征。

一、老年人思维的一般表现

随着人的年龄增长,引起行为变化的非年龄原因也就愈多。人生"暮年",思维从较少依赖一般社会模式、价值观念和期望转变到更多依赖自身特有的内在情感、动机和价值观念。随着主要思维方式和行为方式更加个体化、更加依靠直觉,所谓"客观"的科学分析其实就可能因有更多的解释而缺乏明确性。

老年人思维能力开始退化、老化的征兆通常表现为以下诸多方面:① 对新事物不再有好奇心,对新信息的敏感度和吸收量大幅度减退;② 满足于凭过去的成功经验办事,因循旧例而不思更新,不愿意改变传统的思维观念和思维方式以适应新形势的变化;③ 对与自己观念相抵触的信息不能以包容的态度对待,而是竭力排斥,不加分析就予以否定;④ 每天无所用心,无所事事,大脑缺乏基本的最低思维活动量;⑤ 交际活动范围大大缩小,缺少与新朋友、年轻人的思想交流;⑥ 创新和冒险的勇气开始减退;⑦ 心理上认为自己已经老了等。

本节案例中提到的父亲,虽然思维在内容上也存在一些问题,但其问题似乎主要还是在思维的过程上。老年人由于受某种外来的或体内的有害因素的影响,破坏了人脑的正常活动规律或扰乱了思维的逻辑进程,倒退到低级的水平进行分析综合、抽象概括、比较联想,形成了一些异于常人的逻辑概念,做出了违反常人逻辑的判断和推理,从而丧失了正常反映客观现实的思维能力。

必须看到,现今有关成年后期和老年认知发展的研究结果都有其不同的局限性,比如:没有专门测量人生晚年期认知能力的认知测验,因此有可能存在测量误差,现在广泛使用的心理运动和知觉运动标准测验是以成年早期和成年中期的经历和生活需要为依据,测量认知能力时使用最多、最可靠的韦克斯勒成人智力量表当初设计时没有考虑包括成年后期过程的测试。尽管后来补充了老年人抽样调查,韦克斯勒量表和其他认知测验也并不包括老年人独特的人生经历,因此,有人认为它不能真实反映人生晚年的情况和解决问题的各种需要。

二、老年人明显下降的思维能力

老年人思维能力衰退主要表现为理解能力差、思维活动的敏捷性差、考虑问题欠周密等几个方面,还有就是记忆力也相应变差。国外曾经有研究表明,若不考虑时间因素,老年人的智力与青年人相差无几,所以还有一种说法是:老年人只是在思维敏捷性方面差于青年人。下文所述的几种思维能力在老年人身上都有不同程度的衰退,但就每个个体来说确实也存在着较大的差异。

1. 理解力

理解力是对某个事物或事情的认识、认知能力。它包括整体思考的能力、洞察问题的能力、想象力和类比力、直觉力等。总之理解力是衡量学习效益的重要指标。

如"小孙子上一年级了,我来看看他的课本。我怎么一篇文章都看不懂呢?"(如图4-1所示)。

2. 思考归纳能力

归纳是指从一定数据、资料、事实中提炼出所需的信息、结论,有点儿像把具象变成抽象,透过现象看本质。归纳能力应该是指这种提炼信息、概括大意、透过现象看本质的能力。

图4-1 理解力图示

如"今天超市里好多特价啊,我买了这么多东西!哪些该放冰箱里呢?牙膏、洗碗布,还是青菜……"(如图4-2所示)。

3. 判断力

判断力决定了人们对现实做出什么样的态度、表现出什么样的行为方式。

如"奶奶,现在是夏天,您怎么拿羽绒服给我穿啊……"

4. 抽象思维能力

图4-2 思考归纳能力图示

抽象思维能力是人们在认识活动中运用概念、判断、推理等思维形式,对客观现实进行间接地、概括地反映的过程。

三、老年人保持思维能力的建议

1. 放声唱歌

歌声通常是人们用来表达自己喜怒哀乐,调剂生活中酸甜苦辣的方式。但很少有人知道,唱歌还是有助健康的一剂"良方",对老年人尤其奏效。唱歌时80%以上的神经细胞参与大脑活动,老人们经常放声歌唱,除了能增加肺活量,在一定程度上改善其心肺功能之外,还可提高他们的认知能力,增强思维活力及记忆力。在一项对70名59岁至80岁的音乐家和非音乐家进行的神经心理测验和调查中,在心理测试、视觉空间的判断、言语记忆、回忆和机动灵活性方面,音乐家得分更高,这充分说明老年人进行持续的音乐活动可提高思维能力。

2. 多说话

人老话多是自然规律,虽然有些时候让家人或朋友难以忍受,但它绝不是件坏事,包括说话在内的声响刺激是人类生存的必要条件之一。人类大脑是用进废退的,说话太少,大脑中专管语言的区域兴奋度就会减弱,不利于大脑的健康运转。多说话可以刺激大脑细胞不断活跃并保持一定兴奋度,说话的过程需要经过逻辑思考进行语言的提炼和组织,这是对大脑的锻炼,可有效推迟大脑的衰老进程,对预防阿尔兹海默病也有一定程度的作用。另外,老年人即使是自言自语,也有助于逻辑思维的形成和发展。因为语言和思维是分不开的,特别是对那些患有轻微痴呆症和语言有轻微障碍的老人尤为重要,自言自语能帮助老年人理清思维、增强大脑活动、促进思维的条理和清晰。

3. 多做智力游戏

勤用脑可比喻为老年人精神思维上的"慢跑锻炼",勤用脑的老年人可保持年轻时的精神面貌和思维能力。一般来说,人在六七十岁时会出现记忆力减退、意识障碍、思维迟钝,但对于许多爱用脑的老人来说,六七十岁时的思维绝对不逊色于某些年轻人。现实生活中人们也不难发现,那些文化水平高而又喜欢学习的人到老年时糊涂者就很少。其次,始终保持一颗"童心"同样能让老年人延年益寿。所以建议老年朋友经常参加智力活动或智力游戏,比如:下象棋、下跳棋等,不仅有助于老年人的益智,还可推迟老年人出现记忆力衰退的现象。对于中国老人来说,尤其要学会培养自己的"玩心",切不可把注意力全部集中在子女、(外)孙子女或芝麻绿豆的小事中。

(1) 游戏1:翻绳游戏

看似简单,道具也少,但在玩的过程中,需要手指灵活地进行支撑、勾、挑、翻、收、放等动作,才能确保一次顺利的变化。特别是一些精细动作,一方面需要大脑思考和记忆,另一方面还要左右手配合,手眼脑同动,练习效果自然加倍。而且,翻绳是两个人的游戏,相互交流,双方斗智,乐趣盎然。老人们应该捡起这项荒废已久的游戏,有利于老人的思维运动,不至于脑子不灵活,引发抑郁症或者阿尔兹海默病。如图4-3所示。

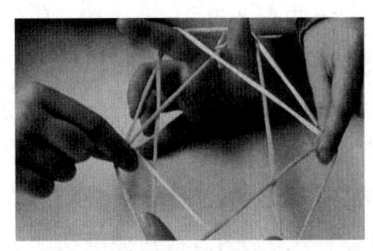

图4-3 翻绳游戏

(2) 游戏2:下象棋

象棋是我国正式开展的体育运动项目之一,属于二人对抗性游戏的一种。由于它用具简单,趣味性强,所以深受老年朋友的喜爱。下象棋能够培养人们的思考能力,锻炼思维,增强人的用脑强度,能使人的计算能力、分析能力综合运用在一起,可延缓衰老。所以,好朋友经常在一起下棋,能够起到陶冶心境、愉悦身心、修身养性、延年益寿的作用。如图4-4所示。

图4-4 下象棋

特别提醒:如果下棋时间过长,每隔一小时左右要起来走动走动,待大脑和身体的疲劳得到缓解后,再继续下棋。千万不要一玩就是几个小时,甚至一坐就是一天,那样会对身体造成严重的损害。另外,老年人在下棋时,一定要有个好心态,别把输赢看得那么重。有的老人在下棋时争强好胜,往往因一兵一卒的争执而大动干戈,结果闹得不欢而散。轻者伤了彼此的和气,严重者还会因气血上升、血压增高、心动过速、心肌缺血,而导致意外事故的发生。所以,提醒老年朋友:下象棋时一定要把握好度,度是娱乐和健康的保证。

4. 多劳动、多运动

十八世纪法国医生蒂萦曾说道:"运动就其作用来说,几乎可以代替任何药物,但是世界的一切药品并不能代替运动的作用。"现代医学也公认:生命在于运动。运动(包括体力劳动)可以提高身体新陈代谢,使身体各器官充满活力(当然也包括我们的大脑),尤其对以下各系统大有益处:① 运动可增强心血管系统的功能;② 运动可改善呼吸功能,呼吸功能好,有利于人体维持旺盛的精力,推迟身体的老化过程;③ 运动可提高消化系统的功能。人在运动时要消耗一定的能量,运动就增强了体内营养物质的消耗,并使整个机体的代谢增强,从而提高了食欲。运动还促进胃肠蠕动,消化液分泌,肝脏、胰腺的功能也会得到改善,使整个消化系统的功能都得到提高,为中老年人的健康提供良好的物质保证;④ 运动可以改善神经系统功能。运动是在神经系统支配下的协调活动,坚持运动的中老年人常表现得机体灵活、耳聪目明、精力充沛,这正是神经系统功能健壮的表现。运动可促进脑的血液循环,改善大脑细胞的氧气和营养供应,延缓中枢神经系统的衰老过程,提高其工作效率。这对脑力劳动者来说尤其重要;⑤ 运动使肌肉发达,骨质增强。运动可以改善全身的血液循环,肌肉、骨骼的营养也得以改善,骨骼的物质代谢增强,使骨骼的弹性及韧性增加,从而延缓了骨的老化过程;⑥ 运动对内分泌系统,特别是对调节新陈代谢起重要作用的垂体——肾上腺系统以及胰腺等消化腺的功能影响更大,往往获得显著的改善;⑦ 运动可以调动人体免疫系统的应激能力,使免疫器官延缓衰老,增强免疫功能。

我国唐代著名的医药学家孙思邈提出一个观点:养性之道,常欲小劳。其中的"小劳",就是指适度劳动。有人提倡老年人多做些家务劳动,这一倡导恰恰符合了古人的观点。家务劳动可以说是一种运动和静养、脑力和体力相结合的最佳形式。经常做做家务,可以促进消化,改善心肌的营养和新陈代谢,改善神经功能,提高肌肉的弹性和张力。当然,劳动还可以增长知识,积累经验,开启智慧。当付出的辛勤汗水变成累累果实时,人的心情更加舒畅,增加了生活的情趣。

图4-5 适度劳动

友情提醒:劳动有益于健康长寿,但要量力而行,应劳逸结合,时间以身体的承受能力为标准。对于中老年人来说,要适当减少强度,做一些轻松的家务即可。

5. 多参加社交活动

世界卫生组织对健康身心的最新标准中有一条是:良好的人际关系。这一条说的也就是社交活动。人是社会性动物,需要与社会接触,与人交流的同时也增加了人们用脑的机会。

对于从几十年工作岗位上退下来的老年人来说更要有与人交往的愿望,要加强社交活动,切不可自我封闭。多参加社会活动,广交朋友,多与人进行感情交流,这就是要学会主动给大脑找事做,千万别让大脑闲着,越动脑子,记忆力就会越好,甚至能使老年人比其他同龄人保持认知能力的可能性提高24%左右。

心理关爱小贴士

1. 语言温柔。对老人说话要慢,要吐字清楚,节奏要适当,让对方能听得懂,听出语言全部的内容,让理解、通融、和谐在语言中获得。

2. 不说愣话,不说硬话,不说过头的话。不要一句话把人噎走,让别人不愉快,自己还有些反感和不高兴,这是语言的技巧,更是语言的艺术。

3. 少一点谴责,少一点批判。不能天天让语言处在火药味当中,让对方感觉到紧张,多表扬,多肯定,多快乐。

4. 不要以为多给老人买好吃的、买衣服、送礼物就是把老人挂在心上了,听老人唠叨也是一种孝顺。

5. "子非鱼,焉知鱼之乐",子非老,却应知老之需。我们要学会用老人的思维去思考和解决老年人的问题。

▶ 关键术语 ◀

语言、语言障碍、唠叨、思维、思维障碍、老年认知障碍、老年认知障碍的关爱策略

▶ 分析思考题 ◀

1. 思维的特征及分类有哪些?
2. 语言的特征及分类有哪些?
3. 老年人的语言特点及唠叨的本质是什么?
4. 老年人的语言障碍及预防措施有哪些?
5. 如何给予阿尔兹海默病患者心理关爱?

第五章 老年人的智力与创造力

> 让老年人的智慧来指导青年人的朝气,让青年人的朝气来支持老年人的智慧。
>
> ——斯坦尼斯拉夫斯基

▶ 学习目标 ◀

1. 了解智力、创造力的概念,以及智力与创造力的关系。
2. 理解老年智力的相关理论。
3. 掌握老年人智力发展的特点及影响因素。
4. 掌握老年人创造力发展的特点及影响因素。
5. 了解老年人智力的开发和创造力的培养。

▶ 开篇案例 ◀

俄国生理学家巴甫洛夫从事生理学研究60余年,为人类做出了不可磨灭的贡献。即使到了晚年,也取得了很多出色的成果。

从41岁开始,巴甫洛夫开始研究消化系统。他发明了新的实验方法,还创造了多种外科手术,把外科手术引向整个消化系统。巴甫洛夫因晚年在消化生理学方面的出色成果而荣获1904年诺贝尔生理学和医学奖金,成为世界上第一个获得诺贝尔奖的生理学家。

到了54岁,巴甫洛夫连续30多年致力于高级神经活动的研究,直到86岁逝世。晚年的巴甫洛夫转向精神病学的研究,认为人除了第一信号系统外,还有第二信号系统,即引起人的高级神经活动发生重大变化的语言。巴甫洛夫的第二信号系统学说揭示了人类所特有的思维生理基础。

巴甫洛夫一生都在为生理学做贡献,老年智力和创造力的衰退并没有在他身上产生任何影响,反而晚年成就更加卓越。巴甫洛夫的成就是循序渐进的。没有前期的知识积累和刻苦钻研,就不可能有后来的成就。

他对自己的事业是有兴趣和热情的。任何一位取得重大成就的人,都离不开兴趣。学习或者研究时,只有专注于自己所感兴趣的事情上去,才能充分发挥自己的优势,取得意想不到的成就。老年人只要有激情和兴趣去做事情,一样能成功。

第一节 智力的基础理论

法国有句古老谚语:"一个老年智力者,等于一座图书馆。"这形象而生动地说明了老年人才的巨大潜力和社会价值。但是,随着年龄的增长,老年人全身器官逐渐开始衰退,那他们的智力和创造力有没有也随之下降呢?研究者们对老年人智力又提出了哪些理论呢?本节将详细阐述。

一、智力与创造力的含义

1. 智力的概念

智力,又称为智商或者智慧,代表着一个人聪明与否。但是由于智力发展因素的多样性和复杂性,至今还没有统一的定义。国内外学者对智力的概念进行了多种解释,国内大多数学者认为智力是一种偏重于认识方面的能力,是一种可以使人顺利从事多种活动所必需的各种认识能力的有机结合。吴天敏教授(1980)从生物学角度,认为智力是脑神经活动的针对性、广阔性、深入性、灵活性在任何一种神经活动和由它相互作用的意识性的心理活动中的协调反应。

西方有些学者对智力的理解主要分为四种:其一,智力是个体学习的能力。个体的学习成绩就可以代表智力的水平,智力高的学生,学习快并且掌握的知识多。其二,智力是个体抽象思维的能力。智力高的人善于抽象思维,善于判断和推理。其三,智力是个体适应环境的能力。智力越高,适应新环境的能力就越强。其四,智力是智力测验所测的结果。智力是一个抽象的概念,离开了智力测验,几乎无法了解智力的含义。而西方多数心理学家认为智力的核心主要包含语言能力和解决问题能力这两个方面。

从上述的种种定义看来,可以概括为智力是人的一种认识能力,包含观察力、注意力、记忆力、想象力、思维能力等多种能力的综合。智力是无法直接观察到的心理特征,只能在言语活动中,以及学习、工作中体现出来。目前对个体智力水平的测量主要通过标准化程序编制的智力测验,例如斯坦福—比奈智力量表、韦克斯勒智力量表、瑞文标准智力测验等,成为国际上常用的智力测验。

2. 创造力的概念

创造力是一种产生新思想,发现和创造新事物的能力。对于"创造力"这一概念,心理学及相关领域经常讨论,但是不同研究者对创造力的含义有着各自不同的理解。目前,比较容易被接受的创造力被定义为四种成分:创造性的过程、创造性的产品、创造性的个人和创造性的环境。许多心理学家对创造力的研究都是沿着这四条路线进行的,只是各自强调不同的方面。

对于创造力的研究,主要采取了三种取向:一种是个体特征的研究,研究具有创造性的认知风格和人格特质等特征;一种是认知心理学的研究,注重研究创造性的过程,识别他们的认知系统的加工过程;一种是社会心理学的研究,注重研究社会环境对人的创造力发挥的作用。

对于创造性的产品,我们可以给出一定的判断标准,但我们更关心的是产生这种创造性产品的过程、具有创造性的个人的人格特征以及影响创造性的环境因素。因此,目前第二、第三种取向正日益受到人们的重视,当前创造力研究中出现了一种将创造力的认知、人格和社会层面统合起来理解创造力的倾向。这些发展倾向对于我们测量和培养创造力将会很有启发意义。

二、智力与创造力的关系

智力与创造力的关系问题,不仅是研究者关注的理论问题,也是实践中培养创造力需要解决的实际问题。智力和创造力是有区别的,因为智力是一种认知能力,它是由观察力、记忆力和思维能力等因素构成的;创造力是一种创新能力,是解决问题能力的最高表现,是产生新颖而有价值产物的能力。

美国心理学家吉尔福特(J. P. Guilford)研究中小学生的智力与创造力的关系,发现他们的智商分布范围较广,从70~140。创造力测量工具是他和同事共同编制的"南加利福尼亚大学测验"。吉尔福特独树一帜,采用平面坐标图来分析测验结果,横坐标为智商分数,纵坐标为创造力分数,在坐标图上依次描绘每个被试的相应的坐标点。最后发现,这些坐标点汇集成一个三角形图(如图5-1所示)。

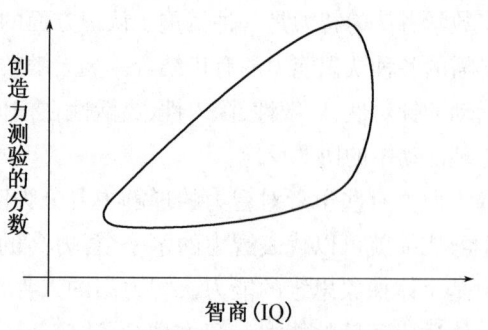

图5-1 智力与创造力关系的三角形图

吉尔福特的研究结果是:智力与创造力之间有正相关趋势;智商较高者不一定具有高的创造力,但创造力较高者,必然具有中等以上的智力。智力与创造力的关系,一言以蔽之,智力是创造力发展的必要条件,而非充分条件。

目前国内外心理学家对于两者关系的研究大致分为以下三类:智力与创造力基本没有相关或相关较低;智力与创造力的相关从低到高不等;智力与创造力的相关较高。

1. 智力与创造力基本没有相关或相关较低

美国明尼苏达大学教育心理系主任托兰斯(Torrance)于1964年以自己编制的创造性思维测验和各种智力测验为测量工具,分析研究智力与创造力的关系。结果发现,相关系数的数值比较低,一般都在0.30以下。例如,创造性思维测验与斯坦福—比奈智力测验的相关系数为0.16,而创造性思维测验与加利福尼亚成熟测验的相关系数为0.25。托兰斯依据智力测验分数,进一步把被试分成智力高分组和智力低分组,然后再分别计算两组被试的智力与创造力的相关系数。结果发现,智力高分组中的相关系数更低,大约为0.10。

2. 智力与创造力的相关从低到高不等

美国芝加哥大学盖泽尔斯(Getzels)和杰克逊(Jackson)于1962年研究男女性智力与创造力的关系,男性245人,女性204人。创造力测验采用他们自己编制的5个创造力量表,分别为语词联想、物体用途、隐藏图形、寓言及构造问题。智力分数为常规的比奈、韦克斯勒等智力量表所得到。研究发现,5个创造力量表之间的相关关系,最小为隐藏图形与寓言之间的0.153,最大则为语词联想与构造问题之间的0.488。智商与创造力之间的平均相关系数为0.26,其中最低的相关是智商与寓言,女性为0.12,男性为0.13;而最高的相关是女性的智商与构造问题,为0.39,男性的智商与语词联想,为0.38。另外,"高创造力组"的平均智商高出"高智力组"23分。

3. 智力与创造力的相关较高

美国心理学家谢伊克罗夫特(Shaycroft)于1963年研究7 000名青年,结果发现智力与创造力之间的相关关系较高,为0.67。换句话说,那些具有较高智商IQ分数的个体,往往倾向于具有较高的创造力。我国国内也有很多学者研究智力与创造力关系时,发现两者相关关系较高。

尽管智力与创造力关系的研究没有统一的结论,但是我们无可否认智力与创造力的密切关系。人们在创造事物的时候,需要敏锐的观察力来发现问题,需要良好的思维力来突破问题,需要丰富的想象力来解决问题。离开了智力,创造力只能是空中楼阁。我国心理学家朱智贤认为智力是一种综合的心理特征,主要包含:① 感知记忆能力,特别是观察力;② 抽象概括能力(包括想象能力),它是智力的核心成分;③ 创造力,则是智力的高级表现。所以,智力和创造是有区别但是又密不可分的。

三、智力理论

智力理论的研究是在因素分析方法的基础上逐步产生和发展起来的,最早起始于20世纪初期,随后出现了各种关于智力的理论。目前,对老年人智力研究的理论,主要包括:传统的智力发展观、晶体—流体智力理论、智力可塑性理论和智力老化的信息加工理论这四种理论。

1. 传统的智力发展观

传统的智力发展观认为老年人的智力发展是逐步衰退的。随着年龄的增长,个体的生理机能开始退化,尤其是脑力劳动水平的降低,智力水平则开始逐渐下降。早期大量对老年人智力的研究都支持这一观点。

1932年迈尔斯(Miles)夫妇进行了一项研究,对832名不同年龄阶段的人进行了智力测验,研究发现,18岁之前智力呈现迅速上升趋势,18岁是智力发展的顶峰时期,随后便开始缓慢下降,到了50岁智商已经下降到了15岁时候的智力水平,到了80岁之后,智力开始急剧下降。WAIS的创立者韦克斯勒认为智力随着年龄而下降,是感觉退化过程的一部分。他运用自己制定的韦氏成人智力量表对成人进行过两次智力测验,发现男性和女性的智力水平都在成年中期以后开始呈现下降的趋势。

1985年沙依(Schaie)做了一项大型的横向研究,对年龄跨度从25岁到75岁的个体进行了测试,结果发现智力随着年龄的增加,个体在WAIS的T分数呈现阶梯性的下降。如图5-2所示。

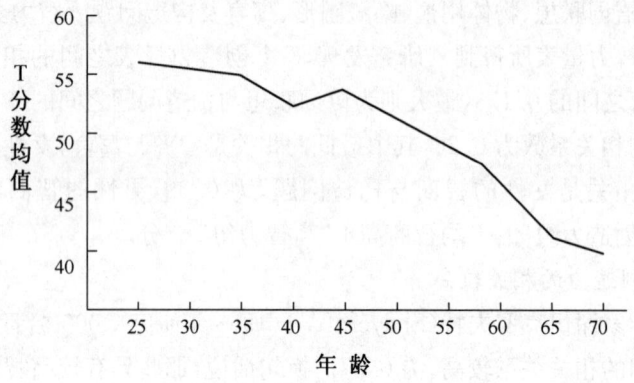

图5-2 智力与年龄发展关系

2. 晶体—流体智力理论

随着研究的深入,研究者们发现老年人智力的发展并非简单的逐渐下降的过程,它们有着复杂的发展过程。卡特尔、霍恩等人(1966)提出了GC-GF理论,即晶体—流体智力理论,对老年人智力的不同侧面发展变化进行了更加清晰的阐述。根据智力测验所得到的结果,可把人的智力分为晶体智力(GC)和流体智力(GF)两方面。晶体智力是通过掌握社会文化经验而获得的智力,通常以记忆贮存的信息为基础,例如词汇、数学运算、言语理解等能力。流体智力是在信息加工和问题解决过程中所表现出来的能力,它以神经生理为基础,例如知觉速度、机械记忆、空间想象等能力。

卡特尔和霍恩收集了大量的数据来揭示这两种智力发展轨迹,结果发现,青少年期之前,晶体智力和流体智力发展水平都是不断提高的,到了成年阶段之后,流体智力开始呈现缓慢下降的趋势,而晶体智力保持稳定并且有缓慢上升的趋势。如图5-3所示。

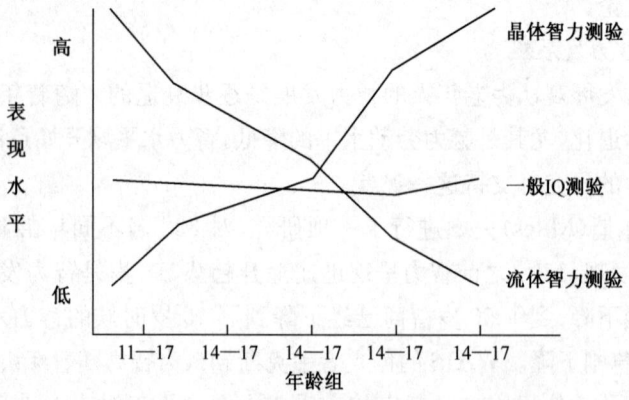

图5-3 流体智力、晶体智力以及一般智力的测量结果

索尔特豪斯(Salthouse)研究也发现,晶体智力变化的基础在于个体的知识经验日益丰富,随着经验与知识的积累,晶体智力水平逐渐上升。而个体的神经系统随着年龄的增加慢慢开始老化,因而以神经生理为基础的流体智力水平随着年龄的增加而下降。

3. 智力可塑性理论

在卡特尔和霍恩的理论基础上,一些研究结果开始对 GC-GF 理论提出了质疑。巴尔特斯(Baltes)和威利斯(Willis)结合了大量研究,提出了老年人智力可塑性理论。该理论认为,在人的整个生命过程中,各个阶段所表现出来的智力水平,只是潜在智力中的一部分,并没有得到最大的发挥,通过学习和训练,可以有效地提高个体的智力水平。因而,老年人的智力是可以进行塑造而得到提高。

1956 年,一项大规模的纵向研究对不同年龄段的个体进行了基本能力测验,比较了他们的推理能力、数字能力、词语流畅性和空间视觉这五种能力。结果发现,个体即使到了 60 岁,这五种能力的下降也不明显。

巴尔特斯(1982)运用 17 项流体智力测验材料,对 108 名老人进行了多次测验,并对他们进行了认知训练。经过多次研究结果表明(如图 5-4 所示),训练次数越多,流体智力水平越能得到提高,而且晶体智力水平也能得到很大的改善。同样证实了老年人智力具有一定的可塑性。

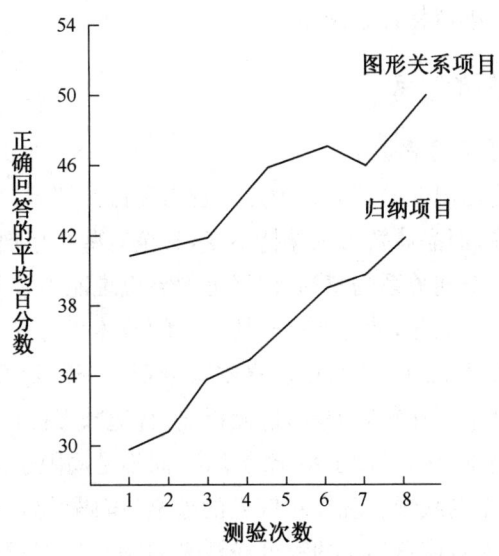

图 5-4 巴尔特斯和威利斯智力测验结果

4. 智力老化的信息加工理论

19 世纪 70 年代以来,认知心理学开始兴盛,不少心理学家开始倾向于用信息加工的观点来解释智力的发展。

夏福兰(Szaflan)等人提出了智力老化的信息加工理论。该理论认为,随着老年人积累的经验日益增多,他们需要在一个庞大的记忆库中去提取信息,而老年人的神经系统的衰老使得他们加工信息速度变慢。但是,老年人在言语、逻辑推理等的智力水平是不断发展的,使得老年人比年轻人具有更好地对信息的概念化重组和模式识别的能力,从这个意义上来说老年人每一单位时间加工信息量又得到一定程度的补偿,从而使其继续保持一定的工作效率。

在这种情况下,老年人的智力状况不能单纯地依赖于每一单位时间所加工的比特信息量,而是应该把它看成个体经验的概念化组织和加工时间的一种联合。这就能在一定程度上弥补老年人的某些智力功能,使得他们能保持一定的工作效率。

智力老化的信息加工理论在晶体—流体智力理论的基础上继续深化,它试图对老年期智力分化的原因从信息加工的角度加以科学的论证,其探讨的新的方向给人以很大启示,值得我们重视。然而,目前的解释似乎还比较粗糙,例如,在编码和提取方面神经系统加工装置效率降低的具体机制究竟如何,还需要大量研究来加以揭示。

第二节 老年人智力发展特点及影响因素

很多人在老年时期才大器晚成,同时也常常有老人智力严重衰退,甚至变成阿尔兹海默病。和成年时期相比,老年人这一时期的智力有什么特点呢?他们智力的发展主要有哪些影响因素呢?本节将详细阐述。

一、老年人智力发展的特点

1. 智力发展呈现多元方向

卡特尔的智力理论提出人的智力分为晶体智力和流体智力,在老年人时期,流体智力发展水平会逐渐下降,而晶体智力则保持不变,甚至有些会呈现上升趋势。流体智力指同人们对图形、物体、空间关系的感知、记忆等形象思维能力有关的智力。实验证明,因老年人脑和神经系统的老化,使与之有密切关系的流体智力有下降的趋势。

速度减慢是老年人基本的行为特征。索尔特豪斯(1985)综合大量研究资料,发现几乎所有测验都在速度上存在年龄差异,进而提出"普遍减慢假说"。该假说认为,中枢加工速度的年老减慢是整个信息加工系统的变化,而不是局限于某些特定阶段的变化。具体地说,加工速度的年老减慢表现在对信息的搜索、编码、储存和提取各个加工过程速度的减慢,以及老年人对信息加工的程度较浅和对信息组织程度较低等。记忆是一种最重要的认知能力,日常生活和实验研究都观察到老年人的记忆能力低于青年人,而且,记忆减退在临床上是老年性痴呆和老年心脑血管疾病的行为学诊断指标。

晶体智力指同人们对语言、文字、观念、逻辑推理等抽象思维能力有关的智力。老年人随着年龄的增加,阅历、经验和知识日益丰富,从而综合分析、推理判断更娴熟,这些都极大地帮助老年人保持和提高晶体智力水平。这就说明,老年人的智力发展,不像年轻人那样不断提高,而是出现了多元的发展方向,即有些智力开始降低,有些智力保持不变,有些智力继续上升。这主要是由于随着年龄的增长,老年人的生理机能在不断衰弱,而自身的经验却在不断丰富和增加,因而智力也会随之呈现多元发展方向。

克伦巴赫(Cronbach,1970)采用纵向研究法,对同一组被试的智力进行了追踪研究,年龄为19～61岁,结果表明,60岁以前语言、推理能力水平保持不变,到了60岁以后才有所下降,但下降幅度也不大。心理学家索尔特豪斯说过:"不同的智力活动所依赖的信息加工成分并不总是一样的,而不同的信息加工成分随年龄增长所发生的变化也可能存在很大的差异。"他通过研究发现,老年人在加工速度和工作记忆容量上出现了差异。从事与加工速度有关的活动时,老年人显著低于年轻人;而从事与速度无关的智力活动时,两者能力没有差异。从事自由记忆等工作记忆容量要求高的认知操作时,老年个体呈现明显的能力下降趋势;而在再认、言语活动等工作记忆容量要求较低的认知操作时,老年人个体能力不会随年龄增长而下降。

2. 学习新事物的能力产生变化

学习是人在生活过程中获取知识经验的过程,是记忆力、思维能力、判断力、理解力的综合应用。成熟和经验是老年人的优势,"活到老,学到老",在不断进取中才能体现老年人成熟和经验丰富的优势,从而使老年人获得长盛不衰的生命力。步入老年期后,他们接受新事物和学习新事物的能力开始没有年轻人那样容易。但是老年人具有丰富的生活经验和专业知识,所以他们学习的内容会受到经验的影响。

老年人学习能力并不比青年人差,但在学习中有着一定的特点。第一,老年人已有的知识和经验与再学习的新内容联系比较紧密,学习效果就比较理想,如果两者没太大联系,学习就会比较困难。第二,消除干扰或抑制现象,来改善老年人的学习过程。前面学习的内容过于复杂或与后面的记忆活动过于相似,对老年人学习产生的干扰影响要比对年轻人显著。老年人学习内容不宜繁杂。第三,把握学习进度和节奏,以提高学习效率。"快"一般不是老年人的特长,学习速度越快,老年人的学习效果越差;"稳"是老年人的特长,学得慢但学得扎实,理解得更深刻。循序渐进,不急不躁,才能够获得比较理想的学习效果。最后,要激发学习兴趣,保持学习动力。

美国心理学家鲁西对12～85岁的被试进行了关于运动学习和语言学习的研究,发现老年人的学习能力和学习内容有很大的关系。当所学内容是老年人熟悉的,他们的学习能力比较强;当学习内容与他们经验无关,或者是不熟悉的,他们的学习能力则变差。所以,当老年人学习的新事物如果与他们自身的专业知识和经验有一定的相关性时,他们会比较容易地接受这个新事物;如果他们对这个新事物不熟悉,则会比较困难地接受和学习这类新事物。

3. 大器晚成

人们会认为中年期是事业最容易成功的时期,一旦到了老年期,则开始享受晚年,不会有什么作为了。但是事实并非如此,老年人虽然不像年轻人那样思维敏捷,但是丰富的经验却是他们宝贵的资源,使得他们的创造力和智力能继续帮助他们在晚年取得成就。

从一个人的生老病死过程来看,人到老年,在体力、记忆力、学习能力等方面确实明显不如青年、中年时期。但从智力的某些方面看,由于多年经验、知识的积累,在综合判断、悟性等方面具有显著优势。人进入老年后,由于退休,可静下心来探讨某些问题,认真思索、归纳总结,就可能得出自主创新性强的成果。由于认识提升,60岁以后,在某一方面进入到一个新境界。进入老年之后,他们有更多的时间可以自由支配,能更加集中精力做自己喜欢的事情。所以,老年人并不是一无是处的,他们可以利用知识和经验,创造出辉煌的成就。

二、老年人智力发展的影响因素

进入老年期,有些人硕果累累,而有些人记忆力严重衰退,思维紊乱,甚至出现痴呆等严重问题。研究表明,老年人智力发展的影响因素有很多,这些因素之间有着密切的关联,共同对老年人的智力产生影响。

1. 生理因素

(1) 遗传与早期神经发育

心理学家从双生老人的研究中发现,智力的老化与遗传有关。有人经过长达十年的追踪研究指出,在相互间智力测验成绩的类似性方面,同卵双生老人比异卵双生老人要大。随着年龄的增长,这种成绩变化的类似性也增大。另有些科学家从双生老人的临床观察研究中,也发现了同样的倾向。

个体早期在神经生理上的发育,会对老年期智力发展水平产生很大的影响。研究发现,早期神经生理的发展状况好坏,尤其是大脑的充分发育,会延缓或者加速个体神经生理的衰老变化过程,从而对老年时期的智力水平产生影响。

凯瑟琳(Catharine, 2003)等人对215位老人的神经发育和智力状况进行研究。结果发现,与婴儿期和儿童早期脑围较小的老人相比,那些在婴儿期和儿童早期脑围较大的老人,在AH4智力测验和韦克斯勒(Wechsler)记忆测验中的成绩要更高。该研究是在排除了无关因素的前提和基础上进行的,研究认为个体在婴儿期和儿童早期的生理发展,尤其脑发育的状况,对老年人的智力衰退状况具有显著的预测作用。

(2) 健康与疾病

随着年龄的增长,人的身体会出现各种生理疾病,人体许多器官组织功能开始衰弱,脑和神经系统的结构会发生退行性改变。老年人中最常见的疾病就是心脑血管疾病,这是影响老年人智力的一个重要因素,已有的研究表明心血管疾病和脑部病变对智力的影响尤为明显。

日本学者小野1964年对年龄段在60~80岁的老人实施了韦氏成人智力测验(WAIS),被试分为三类:正常、阿尔兹海默病、脑动脉硬化的老人。结果发现,阿尔兹海默病和脑动脉硬化的老人在智力机能上下降显著。在此基础上,市丸和小寺1967年对66岁以上的老年进行了智力调查,结果发现老人的疾病与智力衰退之间有着显著关系,在视力、听力、语言和肢体活动等方面有障碍的老人智力要比正常老人智力低。

哈贝(Happe)等人(1999)研究有过中风史的老年人智力,结果发现右脑曾患过中风的老人在智力上有着较为显著的变化,同时也影响了日常生活和社会适应能力。因而,老年人的疾病,尤其是脑部疾病,会直接影响老人的智力,加速他们智力的退化。

（3）性别因素

性别与智力的关系问题比较复杂,目前看法不一。有人认为进入老年期之后,男性的智力比女性的智力高;也有人认为男性和女性在老年期的智力发展差异并不明显;更多的研究发现,男性和女性在不同的智力结构上,各自占有优势。

韦克斯勒(1958)在纽约老年孪生子精神病研究的报告中,发现老年女性在数字符号测验和木块图测验上成绩比男性好,而男性在广度测验上成绩比女性好。我国的许淑莲也通过研究发现,在年龄组和文化状态均等的情况下,男性老人在语言方面和作业方面成绩略高于女性,其他方面则没有显著差异。

日本小野寺等人(1987)用韦克斯勒成人智力量表测验334名60岁以上的老人。结果发现,男女被试的测试成绩在60岁以后开始缓慢地下降,但是言语性测验和动作性测验成绩的下降程度是不一样的(如图5-5所示):言语性测验成绩下降缓慢,动作性测验成绩下降的较快些。总体上,男性测验成绩比女性高,但是在动作性测验上区别不明显。

日本的长谷川和夫等人(1985)曾对70～80岁、80～90岁以及100岁以上的老人智力进行了性别比较研究。结果发现,男性老人智力水平要显著高于女性,年龄越大,女性智力的衰老速度就越快。这种差异很

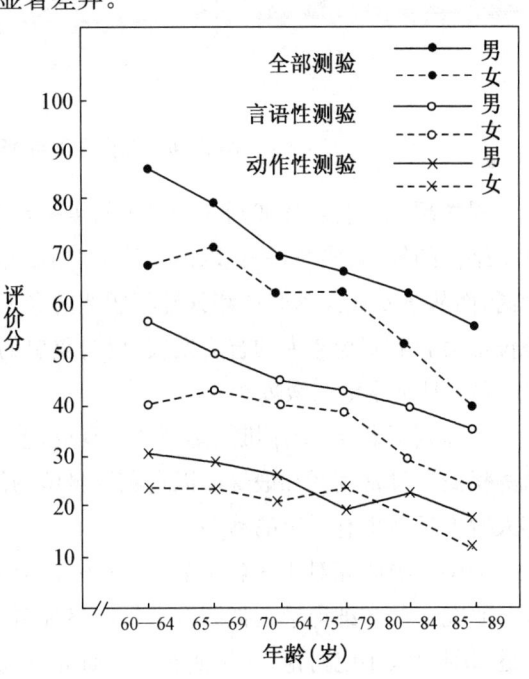

图5-5 老年人性别智力变化曲线

可能是归因于日本的社会和文化,男子倾向于从事社会工作,而女子较多留在家中,缺少与社会的接触。而美国的研究发现,男性和女性在老年期的智力衰退并没有发生明显的差异。

2. 社会因素

（1）文化与职业

文化程度和职业在老年智力发展中具有重要的影响,文化程度越高,所接受到的教育时间越长,随着年龄的增加智力减退较少。同时,由于学历不同,文化程度高的人多从事脑力劳动,例如技术工作、管理工作等;而文化程度低的人主要从事体力劳动,对于脑的使用较少,因而智力衰减更快。

国内学者周建初等人(1994)使用精神状态速简表(MMSE)的智力状况,将老人文化程度分成文盲组、小学组和中学以上组,结果发现老年人的智力水平随着年龄增加逐渐降低,但是文化程度越高,智力水平也越高(如图5-6所示)。

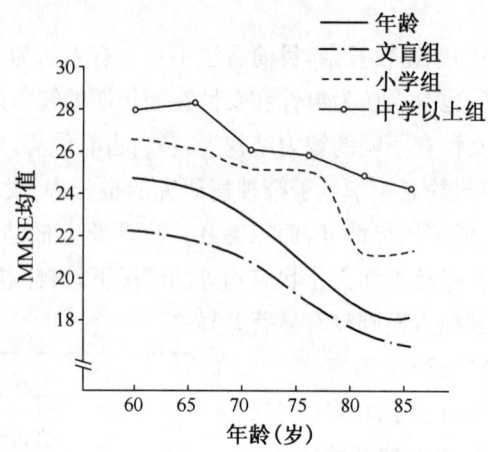

图5-6 文化程度与MMSE均值分布

程学超、王洪美(1986)研究发现,从事一定工作的老人比没有职业的老人智力发展水平维护的较高,同时,一直以体力劳动(如工作、农民等)为主的老人智力下降的程度较高,而从事专业技术职业和管理型职业的老人能维持较高的智力。所以,文化程度和职位都会影响到老年人的智力发展,成为重要的因素之一。

(2) 日常生活与锻炼

个体到了老年,身体机能逐渐开始衰退,容易出现各种疾病,严重的会发生痴呆、中风等疾病。日常生活和锻炼可以有利于身体的健康,防止心脑血管等疾病的发生,对老年人智力发展也有一定的帮助。

美国一项研究对448名年龄在75岁至85岁的老年人进行了长达5年的跟踪研究。研究人员详细记录了被调查者每周参加智力活动的情况,其中包括读书、写字、猜字谜、玩扑克、小组讨论、音乐演奏等。研究发现,患老年认知障碍的人平均每周只参加一次智力活动,而经常参加智力活动的老人却很少患老年认知障碍。与每周只参加4次智力活动的老人相比,每周参加11次智力活动的老人能更好地保持记忆力,后者出现记忆力衰退的时间要比前者推迟1.29年。这些人之所以出现这些差别,在一定程度上与他们参加智力活动的多少有关。

一项纵向研究,对4 000名年龄在65岁以上的老年人进行了1~3年的研究,结果发现,那些经常参加各种户外活动,比如散步、访问亲朋好友、兼职工作的老人,智力水平要显著高于平时活动较少的老人,患老年性痴呆的比例也大大地降低了。我国学者樊旭辉(2005)通过问卷调查的形式,对805名社区老年人的智力进行研究,发现经常参加健身锻炼的老人智力得分要显著高于那些平时活动量较少的老人。这就鼓励老年人要多走出家门,活动自己的筋骨,不仅能防止各种疾病的发生,也能避免自己的智力发展水平快速衰退。

（3）婚姻状况

老年人随着年龄的增高，他们慢慢脱离社会，同时子女开始将生活的重心转移到工作和自己的家庭中。他们主要通过配偶来沟通和交流，一旦配偶离去，他们缺乏必要的语言交流和情感沟通，这必将对老年人智力的发展产生重要的影响。

滕建荣(2003)研究老年人智力和生活能力时，使用修订的长谷川智能量表来调查。结果发现，配偶健在的老年人的日常生活能力和智能状况明显好于丧偶的老年人，并存在显著性差异。这说明配偶对于老年人的智力发展有一定的帮助作用。

3. 心理因素

（1）抑郁

老年人退休后会产生心理的自卑感与失落感，往往会感叹"我老了，记忆坏了"，这种消极的自我暗示，会加速他们记忆、感知觉等智力的衰退。身体健康影响到智力的发展，同时，心理健康也是一大不容忽视的因素，一些不良的负性情绪，例如焦虑、抑郁等会影响到个体的记忆和思维活动。所以，抑郁不仅用于研究老年人身体健康的状况，也可用于研究智力发展状况。

关于抑郁和智力的关系，程学超(1986)的研究指出，有些老年人意志消沉、缺乏职业与智力上的激励因素，这比年龄增加更能使人的智力衰退。焦尔姆(Jorm)和他的同事1987年研究患有抑郁症的老人和非抑郁症的老人，结果发现，在排除了年龄、性别和教育等因素之后，抑郁症与阿尔兹海默病的发病存在显著相关，这说明抑郁对老年智力发展有着重要影响。滕建荣等人(2003)研究了轻度抑郁、中重抑郁和正常三类老人的智力发展情况，研究发现，抑郁水平低的老人，其日常生活能力和智力水平都比中重度抑郁水平的老年人智力发展更好，存在差异显著。

（2）社会支持

老年人活动范围比较小，接触外界的人和事较少，家庭成员、亲戚和朋友成为他们获得社会支持的主要来源。研究表明，缺乏必要的人际交往和信息沟通容易产生孤独感、无力感等负性情绪，他们的智力水平容易发生衰退。

腾建荣和樊旭辉等人的研究都表明，社会支持这样的心理因素对老年智力有着重要的影响。他们通过研究发现，在社会支持水平上，高社会支持水平的老人的智力水平要明显高于低社会支持水平的老人，并且二者之间存在着极其显著的差异。

第三节　老年人的创造力

长期以来，人们总觉得创造力会随着年龄的增长而衰退，但是现代科学研究表明，人的创新能力有两个高峰：第一个高峰期是25岁至45岁；第二个高峰期是50岁至65岁。虽然老年人的行动和思维没有年轻人那样灵敏，但是丰富的经验也是一种宝藏，懂得去开发自己这种潜能的人,将能在晚年时期继续创造辉煌,甚至能发挥出之前没有的聪明才智。本节将就老年人的创造力进行相关的阐述。

一、老年人创造力发展特点

1. 创造力年龄范围比较宽广

在年老的过程中,由于脑血液的减少,会导致流体智力(形象思维)下降,但是随着生活经历和知识广度的增加,晶体智力(抽象思维)反而会有所增强。吉尔福特(1956)认为创造力是发散性思维和转换,发散性思维则是创造力的核心。形象思维和抽象思维在创造力的发展中都具有重要的影响,因此,步入老年并不意味着创造力的衰退或者终止,创造力在人的一生中占据的年龄段范围比较宽广。

丹尼斯(Dennis,1956)研究了100名年龄段在70~79岁,以及56名年龄段在80~89岁的科学家,其中包括天文学家、化学家、地质学家、数学家、物理学家、生物学家等,研究他们每个阶段的论文产量,将他们每人每个年龄的科研论文加以计算。结果发现,科学家在20岁左右的时候,论文产量非常低;在30~59岁期间论文的产量相当高,平均每人每年能有两篇论文;到了60岁以后,他们的论文产量减少了百分之二十;到了80岁以后,论文产量更少,平均为13篇左右。

2. 创造力在不同专业领域各有差异

研究表明,不同学科领域的创造力有着各自的差异。美国心理学家莱曼(Lehmon)研究发现,物理学家、数学家、天文学家、发明家、文学家与诗人等,他们这些学科专家在同一年龄所做出的贡献有着差异性。心理学研究表明,科学家和艺术家的创造高峰年龄平均分布在30~39岁,但是可以进行创造作品的年龄广泛到32~72岁。这一研究为成年晚期的个体能够进行创造性的活动提供科学的依据,同时也为老年人进行创造发明和艺术创造活动提供事实上的证明。

莱曼于1939年研究音乐家的创造年龄,结果发现,那些已故作曲家最多产的年龄是在35~39岁,但是现代作曲家的生产高峰期却可以在50~55岁。莱曼指出,不同专业的专家达到创造高峰的年龄有所不同(见表5-1),有些作家在30岁写出世界名著之后,退步了一段时间,到了晚年,还继续产生优秀作品。油画家产生最优秀作品的年龄在33~36岁,建筑家则在40~44岁,而政治上及军事上领袖到达事业最高峰的年龄则在50~70岁,因为政治、军事的事业成就受环境、文化等因素的影响比较大。

表5-1 不同领域创造力高峰年龄对照

	化学家	数学家	物理学家	哲学家	医学家	心理学家	诗人	运动健将
年龄段(岁)	26~36	30~34	30~34	35~39	39~40	30~39	25~29	25~30

二、老年人创造活动的影响因素

进行创造力活动涉及多方面因素的影响,不仅包括感知、记忆、思维等认知因素,还与动机、情绪、态度等非智力因素有关,同时也会受到知识和经验的影响。

我国学者郑晓明研究了86名当代社会科学家取得卓越成就的影响因素(见表5-2),其中当代社会科学家包括史学家,文学、艺术家,哲学,社会学家,心理学家等。结果发现,影响他们取得成就的因素有以下几个方面:首先是受教育的条件比较优越;其次是智能因素,包括先天素质和思维、记忆等认识能力,经过学习、教育发展得比较好;第三是非智能因素,事业心和责任感是他们创造活动的内部动力,也是产生学习动机和兴趣的基础;最后是健全的人格特质,是一种比较稳定的个性心理特征,包含强大的自信心、勇于开拓的进取心、明确的目标、稳定的性情、顽强的意志以及强烈的爱国心和正义感。

表5-2 中国当代社会科学家成功因素分析统计表

因素分析	成功的因素	人数	百分比
教育条件	受过良好的家庭教育和学校教育	71	83%
智能因素	优秀的素质	67	78%
	很强的认识能力	79	92%
事业心与责任感	对真理、事业的执着追求	86	100%
	以马列主义为指导治学的根本	86	100%
	有强烈的学习动机及稳定而广泛的兴趣	84	98%
人格特征	健全的人格特征	73	86%

1. 感知、记忆、思维等智能因素

从智能因素的影响上看,心理学的实验证明老年人记忆最显著的特点是短时记忆衰退而长时记忆并未衰退。由老年人自由掌握记忆速度,其记忆效果不亚于年轻人;而在限定的短时间内完成某项识记任务,效果不如年轻人,这是神经的生理反应减慢导致老年人记忆和动作反应迟缓。

大量实验资料表明,老年人记忆下降的速度和幅度并不大,假定18~35岁的人平均记忆成绩为100,35~60岁时平均成绩降为95,60~85岁时降为80~85,即便是80岁以上的高龄老人,只要身心健康,也无需担心记忆下降。一般而言,记忆变化有个规律,即40岁和70岁以后各有一个较为明显的记忆衰退阶段,然后维持在一个相对稳定的水平。如果针对这个规律采取各种辅助手段,老年人就一定能够将记忆维持在一个较高的水平上。记忆对于老年创造力有着重要的作用,这说明老年期的创造力并不会太多受到记忆力的影响。

Agnew(1992)研究过独特的感觉印象对文学和艺术创作家的重要性,结果发现,听觉记忆对作曲家非常重要,视觉经验是画家的最佳优点。这是由于基本的感性资料的储存与各种信息线索相配合,可以增加灵感发生的可能性,所以某种程度的记忆力对于创造性活动(如文艺创作等)是必要的。由于老年人的长时记忆并未衰退,因生活经验而丰富的理解力与评价能力也不亚于中、青年人。因此,在各项活动中继续发挥创造性是完全可能的。

林崇德(1992)认为创造性的人才在思维上有五点表现:① 创造性活动表现出新颖、独特且有意义的特点;② 思维和想象是创造性的两个主要成分;③ 在创造性思维过程中,新形象和新假设的产生带有突然性,常被称为灵感;④ 在思维过程中的意识清晰度上,创造性是分析思维与直觉思维的统一;⑤ 在创造性思维的形式上,它是发散思维与辐合思维的统一。成年晚期个体的思维有较大的不平衡性,那些依赖于机体状态的思维因素衰退较快,如思维的速度、灵活程度等;而与知识、文化、经验相关联的思维因素衰退较迟,如语言理论思维、社会认知等,甚至老年期仍有创造思维。

当然,从精力的充沛性、思维的灵活性和感知的敏锐性上进行比较,老年人一般不如中、青年时代,这也说明智能因素的衰退对老年人也是有影响的。

2. 动机、性格、情绪、态度等非智能因素

影响老年人发挥创造性的比较重要的是非智能的心理因素,它的积极影响在前面已经提到。有人格与社会的心理学研究表明,从众性、刻板性以及严重的焦虑感、不安全感、神经病等非智能因素都和创造性存在负相关。动机也会对老年人的创造性产生影响。这些因素同样也影响着老年人创造性的发挥。

关于创造力的动机方面,哈佛大学教授艾曼贝尔(Amabile T. M.)提出了创造力的内在动机原则,认为创造力的三个相关要素是:① 相关领域的技能,包括相关领域的知识、应具备的专业技能、相关领域的特殊才能;② 与创造力有关的技能,包括适当的认知风格、创新思维所需的外显或内隐的知识、利于创新的工作风格;③ 任务动机,包括对任务的态度和接受任务时对自我动机的理解。很多老年人在步入老年期后开始安享晚年,没有追求,也没有动力去做任何事情,这必然会影响到他们的创造力。只有真正喜欢去做,有能力去做,有意向去做,才能发挥出他们的创造力。

有关研究显示,从众性与创造有很大的负相关,从众者在智力方面低于有独立思考的人,他们的认知过程比较呆板并且缺少灵活性;在情绪方面缺乏应激能力和坚持能力;在自我观念上有自卑感,缺乏自信心,与人相处比较被动,既依赖人而又不相信别人。老年人由于长期接受习俗传统的影响,不知不觉地形成按常规办事的习惯,而当不怕社会压力、坚持自己正确的想法时往往会迟疑不决而受到抑制,这也是从众性的一种表现,它或多或少地影响着老年人创造性的发挥。

刻板性是对外力或一种变化的反抗。在认识与思想上表现为一种保守倾向,强烈地反对新奇事物与新思想。这种人的知觉与思想往往受先入为主的影响,认为只有他的经验才是对的。有刻板性的老年人对于当今一代青年人追求现代化的或者比较美化的生活方式就有些看不惯。这是由于时代变了,而老年人评价青少年的标准没有变,于

是就形成两代人之间的矛盾。特别是处在大变革的时代，如果老年人的认识跟不上形势，也会影响到他们积极性和创造性的发挥。

具有偏见的人往往也不能客观地评价自己，正确地对待自己，有夸大优点、掩盖缺点的倾向。这种主客观不协调的矛盾使他们经常处在紧张与焦虑的情绪状态，不能自由而愉快地生活。很多研究表明消极情绪对于创造是有害的，人本主义心理学家罗杰斯发现有些文学艺术家由于创造力受到情绪干扰而登门向他求治。经过心理治疗，罗杰斯帮助患者了解情绪干扰的根源，把埋藏在患者潜意识中的意念和创造性层层揭开使他们重新恢复了创造生涯。老年人往往固执己见，也容易产生焦虑、抑郁、悲伤和愤怒等情绪。这些消极情绪不仅会影响老年人的身体健康，也是妨害他们发挥创造力比较主要的不利因素。

第四节　老年人智力的开发和创造力培养

老年人的智力和创造力比起年轻人有所下降，但是通过开发和培养，老年人依然可以做出惊人的成就。因此，充分开发和利用老年人才资源，对于补充和缓解我国现阶段人才资源不足的困难，有非常重要的现实意义。那么如何有效地开发老年人的智力、培养老年人的创造力呢？本节将详细阐述。

一、老年人智力的开发

老年智力是社会的一个宝库，关于老年人心智活动的可塑性问题，国外曾有过一些研究。从生理基础来看，成年人的大脑重量为 1 200 克至 1 500 克，60 岁以后仅减轻 100 克至 150 克，不影响智力的开发。大脑细胞有 140 亿个，而实际使用的脑细胞仅占 1/10，最多占 1/3，尚有潜力。从现实角度来看，我国共有 3 000 多万知识分子，其中 500 多万人已离退休，占知识分子总数的六分之一。目前已离退休的高级知识分子约 60 多万人，占高级知识分子总数的三分之一。这是一支庞大的智力队伍，具有很大的智力潜能，是急待开发的宝贵智力资源。开发和利用老年人才资源，促进实现"老有所为"和"积极老龄化"，充分体现老年人才在社会发展中的价值，这也是老龄化社会的历史使命。

1. 加强认知能力训练

为了延缓智力衰退，国外十分重视认知能力的训练，这就是当代西方所说的"干预技术"。这种干预技术分为两大类：一是直接为个体提供解决问题能力的具体训练；二是调整与认知有关的动机之类的非认知干预。第一类训练包括四种：① 示范的方法，即让受训老人看认知方法的模型，训练老人进行抽象、分类的能力；② 直接用语言教示的方法，即用语言告诉老人应该怎样做；③ 反馈，即当被试老人做出正确反应时，及时给予肯定；④ 给被试提供同类问题的某种练习。第二类所谓非认知干预的方法，是通过调整动机、情感、自信心等与智力有关的非智力因素的方法,间接地对智力进行训练,以延缓智力的衰退。

张华俭等人(2003)采用认知功能训练促进老年认知障碍患者智力的恢复。他将认知功能训练分为三个环节:首先是开展益智活动,提供不变的环境,不变的作息时间,以及相同的护理人员和照顾者,使患者不至于弄混。每次与患者接触前应喊患者姓名,主动介绍自己,以及今天几号,身在何处,尽量建立一个人时的基本定向感,及时澄清错误的看法,根据不同程度、阶段开展益智活动,进行认知、计算、思维推理、分类训练。其次是讨论有趣题目:有专门医师或护理人员提出讨论题目,激发他们回忆以前工作经历,或通过唱歌,阅读旧杂志、报纸等,从而激发记忆。最后是活动手腕手指,主要是左手手指的活动,如转动健身球,弹奏乐器,或写字、绘画等直接刺激脑细胞而增强记忆。训练对延缓痴呆的发展起到了一定的作用。这可能是通过反复训练后,患者无论在听觉、视觉、触觉等方面都得到了刺激和强化,认知功能的康复可能是内隐记忆的启动效应起作用的结果。此外,通过内隐学习可以使痴呆患者的记忆能力得以恢复。

中国科学院心理学研究所利用训练对老年人数字符号测验作用的研究,将100名受试者分为两组:老年组(60~79岁),青年组(18~31岁),每组根据训练与否,各分为训练组与对照组。研究者将采用四项测验:"数字符号"测验、默写、临摹和迁移测验,对训练组反复训练,对照组则不予以训练。结果发现,老年组训练后各项成绩显著提高,训练前后差异显著;训练后各项成绩还明显高于对照组第二次复查成绩,两者差异显著。这就说明,训练可使老年组各项测验成绩明显提高,对改善老人的智力、记忆和反应速度都是有效的,其中对记忆和智力的改善更为明显。同时,它给人们以重要的启示:老年人只要肯花工夫,经过多次训练,智力和记忆成绩是可能达到甚至超过未经训练的青年人的——老年人完全可以学会新东西,应当充满信心。

2. 必要的社会交往

社会隔离会引起一系列的心理问题,例如抑郁、痴呆等。老年人需要保持与人或者事物的接触来保持良好的健康心理,老人们需要有意义的活动和情感沟通。对于一些老人来说,这种沟通是与家人和朋友;另一些老人是与宠物、电话朋友、网上聊天,甚至是能够发挥沟通功能的植物,老人们需要某种形式上的社交活动来保持自己的智力水平和社会效能。

经常与社会保持必要的社会交往,同自己的家人住在一起,这类老年人,往往可以长时间地提高自己的智力;而自己独居,不与人交往,把自己封闭起来的老人,智力衰退得快。衰退得最快的是那些一辈子没有自己的事业,生活圈子历来狭小的老年寡居妇女。因此,要改善和保持自己的智力,就得迈开双脚走出家庭生活的小天地,与社会接触,与人交往,以及时摄取新信息,给大脑及时供应新的"营养"。

3. 科学用脑

"用进废退"是生物机体发展和抗衰老的一条普遍规律。智力的发展依赖于人的个体和客观事物的相互作用。某一方面的智力经常被使用,那么这一方面的能力便难以衰退,保持较高水平的时间也较长。常言说,"脑子越用越灵",就是这个道理。

研究表明,在智力的各种因素中,语言文字方面的智力衰退得最不明显,原因就在于语言文字在人的各个年龄阶段都经常在使用。学历深,接受教育时间长,长期从事智力活动的老人,其智力衰退得慢的道理也在这里。观察表明,法官、教授、科学家,他们每天都要与各种难题打交道,为了寻求一个难题的答案,昼思夜想,绞尽脑汁,这种经常自觉地科学用脑的习惯往往推迟了他们智力衰退的时间。

纽约大学的学者,曾对 15 名 25 岁青年和 20 名平均 72 岁的老人进行检查,发现他们脑部的能量利用并无差别。一位日本学者用超声波照射不同年龄和不同生活方式的人的大脑,发现高龄老人由于积极用脑,其大脑的体积并没有减少。因此,即使到了老年,也应当视自己的具体情况,把生活安排得充实一些,时常看书学习,自觉用脑,思考一些问题。有些老人退休后,深居简出,生活单调,无所用心,这对延缓智力衰退自然是有害无益的。

二、老年人创造力的培养

1. 知识的积累

一切创造行为都不是先天生就、一成不变的,而是由不断地学习与训练而获得的。教育上已有无数的例证说明创造行为的卓越性与学习的质量成正比,只要学习条件充分,多数人都可以成为天才,这对老年人也不例外。

登尼(Denney N. M.)研究过学习与训练对智能发展的影响,其中包括词语性能力,涉及对口语、文字和符号的处理,它是创造活动的重要组成部分。在人的一生中,这种能力在 20 岁时还没有达到高峰,30 岁还有增长,由于经过充分的练习,它在整个成年期都保持在较高的水平上,直到 60 岁才沿着经过充分练习的能力曲线下降。同时,老年人只有继续学习才能紧跟形势的发展,克服墨守成规、停滞不前的局限性,为继续发挥创造力提供条件。

从人脑机制发展的情况来看,继续学习是促进老年人脑力发展最有效的措施。人脑潜力的表现是越用越灵,有的神经生理学家认为:"人的大脑,受训越少,衰老也就愈快,而脑的紧张工作开始得越早,持续的时间越长,脑细胞的老化过程就发展得越慢,所以终生勤用脑,是推迟衰老的一个妙方。"因此,提倡终身教育,提供符合老年人特点和兴趣的学习条件成为当前激发他们创造力的当务之急。

2. 勇于实践

经验对于任何一项工作来说都是必不可少的,对社会实际问题的解决不是靠书本知识或间接经验可以解决的,必须要有直接经验。创新经验只能来自亲身不断地创新与实践,创新经验越丰富,创造的能力也就越强。

创造力是在人们多种活动中表现与发展的,解决实践中提出的问题是激发创造力的最好机会。学前幼儿的创造性游戏,儿童、少年学生的学习与交往活动,成人从事的生产与学术活动都是人们发挥创造力的基地。陶行知先生认为创造产生于实践活动,他生动地描述为:"用脑不用手,快要被打倒。用手不用脑,饭也吃不饱。手脑都会用,才算是开天辟地的大好佬。"

老年人要发挥创造性,也要克服种种困难,勇于实践,多做调查研究,探索自己力所能及的实际问题,提出改革与创新的意见,由于老年人的经验丰富、思考周密,创造性地解决一两个实际问题是完全可能的。同时,在创新与实践中,老年人需要调动其积极性和主动性,勤于思考、勤于动手、勇于创造,从而提升学习能力、思维能力、动手能力,使创新能力得到迅速提高。

3. 良好的心理健康

成功学大师拿破仑·希尔说过:"积极的心态,就是心灵的健康和营养。这样的心理,能吸引财富、成功、快乐和身体的健康。消极的心态却是心灵的疾病和垃圾,这样的心灵,不仅排斥财富、成功快乐和健康,甚至会夺走生活中已有的一切。"积极的心理健康有助于发展人的创造力,通过养成一种对一切事物保持积极心态的习惯,很快自身的创造力就会有所增强。

由于创造性容易被消极情绪引起的防御机制所埋没,罗杰斯认为,想要培养创造性,首先要提倡心理健康和情绪健康。积极情绪可以使人感到"心理安全"和"心理自由",这是促成创造活动的主要因素。他认为心理健康是创造之本,老年人为了发挥创造性,就要讲究心理卫生,注意克服消极情绪,培养积极情绪和良好的心境。

为了培养良好的积极情绪,首先要培养乐天派的愉快性格,以快乐为自己的情绪基调。幽默、风趣、轻松、愉快是老年人精神上的最佳补品。这就要我们自己善于从工作、学习和日常生活见闻中寻找乐趣、自得其乐。其次,在待人接物上忠厚让人,宽宏大量会使良好的情绪更加稳定,精神上也会得到宽慰,心理上更加安全和自由,这样就为有所创造准备了条件。此外,为了有效控制紧张、焦虑等消极情绪,在工作、学习,特别在生活上要有计划、有安排、有秩序,要养成冷静、沉着和从容不迫的习惯,这也有利于老年人创造活动顺利地进行。

4. 发挥优势

很多老人退休前忙于工作,无暇顾及自己的兴趣和爱好。退休后,有充足的时间可根据自己的爱好和特长进行创造性劳动,如写回忆录、写诗、作画等。

对创造的强烈兴趣,是进行创新活动最重要的心理条件之一。对一项创新活动只要有了兴趣,就能钻进去,不知疲倦不畏艰险去闯。郭沫若说过:"兴趣爱好也有助于天才的形成。爱好出勤奋,勤奋出天才。"这就是说,一个人如果被某一事情或者某一种思想完全吸引住的时候,他就会对所有和这种事情或者这种思想相联系的一切产生兴趣。当他被这种兴趣引起的求知直至突破的欲望完全控制了的时候,就到了钻研入迷的程度。培养兴趣—创新入迷—获得成功,这往往是创新成功的三部曲。历史上许许多多的发明创新者,都是沿着这三部曲走向成功的。

老年人在时间上比较充裕,不受工作和家庭的制约,可以尽情专注于自己所感兴趣的事情上去,发挥自己的优势。只有自己感兴趣,全身心投入到一件事情中,才能将创造潜能施展出来,才能有自觉地、主动地去追求创新的无尽热情。

5. 持之以恒

创新必须从现在做起,从自己做起,从小事做起,不能只停留在创新设想上。创新设想只有付诸行动才能真正成为创新,如果只设想而不动手,那么设想再多、再好也是没有用的。事实上,促使创新的机会,通常是我们身边的平淡无奇的小事,几句对话、一次旅行、一次失手、一件偶然的事情都会引起一项创新。创新活动的过程,是一个从量变到质变的过程。要想获得成功,必须靠自己的努力,从身边的小事做起,不断地去发现问题、研究问题、解决问题。

最初看来那些老人即使头脑有些迟钝,经过每天的思考、行动,也会产生质的变化,创新能力显著提高并非是一朝一夕的事情,老人创造不宜过于紧张,须细水长流、持之以恒。如写回忆录,每天写300字,一年就能轻轻松松完成10多万字。若一个月就写10万字,很多老人就可能吃不消。所以,只要持之以恒,不断努力,从小事积累起来,老年人也能创造出辉煌的成就。

心理关爱小贴士

老年智力和创造力并没有随着年龄的增长而完全衰退,对智力和创造力进行开发和培养,可以将老年宝贵资源转化为社会的财富。

1. 进行必要的社会交往,保持良好的心理健康

迈开双脚走出家庭生活的小天地,与社会接触,与人交往,以及时摄取新信息,给大脑及时供应新的"营养";在待人接物上忠厚让人,宽宏大量;养成冷静、沉着和从容不迫的习惯;善于从工作、学习和日常生活见闻中寻找乐趣自得其乐。

2. 科学用脑,注重知识的积累

视自己的具体情况,把生活安排得充实一些,时常看书学习,自觉用脑,思考一些问题;学习时一定要集中注意力,决不三心二意;广泛涉猎各种书籍,博览群书,拓宽视野;终生勤用脑,提倡终身教育。

3. 认知能力训练,勇于实践

多进行认知、计算、思维推理、分类训练;多做调查研究,探索自己力所能及的实际问题,提出改革与创新的意见;勤于思考、勤于动手、勇于创造。

4. 培养兴趣,持之以恒

专注于自己所感兴趣的事情上去,发挥自己的优势;根据自己的爱好和特长进行智力和创造力劳动;靠自己的努力,从身边的小事做起,不断地去发现问题、研究问题、解决问题。

▶ 关键术语 ◀

智力、创造力、传统智力发展观、晶体—流体智力理论、智力可塑性理论、智力老化的信息加工理论

> **分析思考题** ◄

1. 智力的含义是什么？创造力的含义是什么？
2. 智力与创造力之间的关系？
3. 老年智力有哪些理论？
4. 老年人智力发展的特点有哪些？
5. 老年人智力发展的影响因素有哪些？
6. 老年人创造力发展的特点如何？
7. 老年人创造力发展的影响因素有哪些？
8. 如何开发老年人的智力？
9. 如何培养老年人的创造力？

第六章 老年人的情绪情感

一种美好的心情比十服良药更能解除生理上的疲惫和痛楚。

——马克思

> 学习目标 <

1. 了解情绪、情感的概念,以及情绪与情感的关系。
2. 理解情绪的相关理论。
3. 掌握老年人情绪情感的特点及影响因素。
4. 掌握老年人的情绪管理的措施。

> 开篇案例 <

孙大叔,今年60岁,年轻时是一名优秀的足球运动员,他热情好动、做事认真、积极进取,曾多次在大型比赛中获奖,非常风光。3个月前,孙大叔突发奇想,打算组织一次本市老年人足球比赛,整天东奔西跑,整个人看上去特别精神。思维奔逸,能讲出平时连想都想不出的话语,特别是讲解足球比赛时更是手舞足蹈,逢人便声称要为中国足球事业做出贡献。他每天早起锻炼,并督促老伴早起早睡,孙大叔对于自己足球技能的进步无比自豪,并扬言要带领中国足球走向世界。孙大叔不仅对足球满含激情,而且他整个人像打了鸡血似的,精力旺盛,不管做什么事都干劲十足。这让老伴感到莫名其妙,也不知道他受了什么刺激。

然而,这种激情澎湃的场面并没有持续多久。大概一个月前,不知道为什么孙大叔的热度突然下降,像换了一个人似的。他情绪低落,整天愁眉苦脸,经常唉声叹气,说头疼脚痛、球也踢不动、身体快不行了。那段时间孙大叔对什么事情都不感兴趣,连足球比赛都爱答不理的,白天也不愿和周围的人说话,夜里睡得不好,失眠、焦虑。然而这几天,孙大叔突然又感觉自己来了"神"、精力充沛,打算开办个小学生足球培训班。孙大叔老伴回忆说,孙大叔这种忽热忽冷的情况以前也有过,但似乎这次有些严重。

第一节　情绪情感的基础理论

情绪像空气一样时刻围绕着我们，是人类精神活动的重要组成部分，在人类心理生活和社会实践中有着重要作用。情绪与情感是人们认知和行为的中介，是心理健康的窗口。什么叫情绪和情感呢？它们之间到底有什么样的关系？本节将详细阐述。

一、情绪情感的含义

1. 情绪的概念

心理学家把情绪(emotion)定义为，人对客观事物是否满足其需要而产生的态度体验，它由主观体验、生理唤醒和外部表现三部分组成。

（1）主观体验。情绪的主观体验是人的一种自我觉察，即大脑的一种感受状态。情绪作为人对客观事物的态度体验，具有主观性。一方面，个人所发生的情绪，只有自身才能体验到，个人对每一种情绪也有不同的体验形式；另一方面，由于人对客观事物的态度不同，因此不同的人对同一事物可以有不同的体验。主观体验是情绪的重要成分。如果没有主观体验，个体就不知道是否产生了情绪，更不知道何谓喜怒哀乐，也就体会不到生活中的诸多色彩。

（2）生理唤醒。生理唤醒是指伴随情绪活动所产生的生理反应。如激动时血压升高，愤怒时浑身发抖，紧张时心跳加快，害羞时满脸通红。脉搏加快、肌肉紧张、血压升高及血流加快等生理指数，是一种内部的生理反应过程，常常是伴随不同情绪产生的。例如测谎仪就是根据人在情绪变化时不能控制身心变化的原理而设计的。

（3）外部表现。情绪具有明显的外部表现形式——表情。表情包括面部表情、姿态语言以及言语表情。也就是说个体主要通过面部肌肉、身体姿势、语音和语调等方面的变化将情绪表现出来。如：高兴时捧腹大笑、手舞足蹈、眉飞色舞；沮丧懊恼时捶胸顿足、垂头丧气、两眼无神；恐惧时会睁大眼睛和嘴巴，喊叫出声，甚至做出要逃跑的动作等。

主观体验、生理唤醒和外部表现作为情绪的三个组成部分，在评定情绪时缺一不可，只有三者同时活动，同时存在，才能构成一个完整的情绪体验过程。如当一个人佯装悲愤时，他只有悲愤的外在表现，却没有真正的内在主观体验和生理唤醒，也就称不上有真正的情绪过程。因此，情绪必须是上述三方面同时存在，并且有一一对应的关系，一旦出现不对应，便无法确定真正的情绪是什么。

2. 情感的概念

情感这一概念也是非常重要的。情感是同人的社会性需要相联系的态度体验。人们在认识客观事物的过程中，不仅可以了解事物的表面特征，揭示事物的本质及其内在联系，同时还会对所反映的事物产生肯定或否定的态度体验。一般来说，当人们遇到能满足自己需要的事物时,便产生积极、肯定的情绪,如满意、愉快、喜爱等;反之,当人们的需要没有得到满足时,就易产生消极、否定的情绪,如苦闷、悲伤等。

情绪和情感是以人的需要为中介的一种心理活动,它反映的是客观外界事物与主体需要之间的关系。情绪和情感是主体的一种主观感受,或者说是一种内心的体验。

二、情绪情感的分类

1. 情绪的分类

(1)原始情绪。人类最基本的情绪,包括快乐、愤怒、恐惧和悲哀四种。快乐是需要得到满足,内心紧张状态得以解除时产生的愉悦、舒适的体验。愤怒往往是愿望或利益一再受到限制、阻碍,内心紧张度和痛苦逐渐积累而带来的敌意和反抗的情绪体验。恐惧是面临或预感到危险而又无力应对时所产生的带有受惊和危机的情绪体验。悲哀是失去了热爱或盼望的事物所带来的痛苦、失落和无助的情绪体验。

(2)情绪状态。根据情绪发生的强度、速度和持续性,将情绪分为心境、激情和应激三种状态。

① 心境。心境是一种比较平稳而持久的情绪状态。当人处于某种心境时,会以同样的情绪体验看待周围事物。如人伤感时,会见花落泪、对月伤怀。心境体现了"忧者见之则忧,喜者见之则喜"的弥散性特点。平稳的心境可持续几个小时、几周或几个月,甚至一年以上。

② 激情。激情是一种爆发性的、强烈而短暂的情绪体验。如在突如其来的外在刺激作用下,人会产生勃然大怒、暴跳如雷、欣喜若狂等情绪反应。在这样的激情状态下,人的外部表现比较明显,生理的唤醒程度也较高,因而很容易失去理智,甚至做出不顾一切的鲁莽行为。

③ 应激。应激是指在意外的紧急情况下所产生的适应性反应。当人面临危险或突发事件时,人的身心会处于高度紧张状态,引发一系列生理反应,如肌肉紧张、心率加快、呼吸变快、血压升高、血糖增高等。如当遇到歹徒时,人就可能会产生上述的生理反应,从而积聚力量以进行反抗。但应激的状态不能维持过久,因为这样会消耗人的体力和心理能量。若长时间处于应激状态,可能会引起适应性疾病的发生。

2. 情感的分类

情感是人类所特有的与社会需要相联系的主观体验。人类的高级情感有道德感、理智感和美感等。

(1)道德感。道德感是人们根据一定的道德标准在评价人的思想、意图和行为时所产生的情感体验。如果一个人的言行符合道德标准,就会产生幸福感、自豪感和成就感,否则就会产生自责、不安和内疚的情感体验。

(2)理智感。理智感是在认知活动中,人们认识、评价事物时所产生的情感体验。如发现问题时的惊奇感,分析问题时的怀疑感,解决问题后的愉快感,对认识成果的坚信感等。理智感常常与智力的愉悦感相联系。

(3) 美感。美感是根据一定的审美标准评价事物时所产生的情感体验。它是人对自然和社会生活的一种美的体验。如对优美的自然风景的欣赏,对良好社会品行的赞美。美感的产生受思想内容及个人审美标准的制约,而且不同人的审美标准不同,也会使不同个体的美感产生差异。

三、情绪和情感的关系

情绪和情感是两种既有区别又有联系的主观体验。情绪与情感之间有着紧密的联系,可以概括地说,情绪是情感的表现形式,情感是情绪的本质内容。但情绪与情感之间亦具有一定区别。

(1) 需要方面的差异。情绪更多的是与人的物质或生理需要相联系的态度体验。如当人们满足了饥渴需要时会感到高兴,当人们的生命安全受到威胁时就会感到恐惧,这些都是人的情绪反应。情感更多的是与人的精神或社会需要相联系。如当人们的交往需要得到满足时会产生友谊感,当人们获得成功时会产生成就感,友谊感和成就感都是情感的体现。

(2) 发生早晚的差异。从发展的角度来看,情绪发生早一点,情感产生晚一点。人出生时会有情绪反应,那时情感还没有产生。情绪是人与动物共有的,而情感是人所特有的,是随着人的年龄增长而逐渐发展起来的。如人刚生下来时,并没有道德感、成就感和美感等,这些情感是随着儿童的社会化过程而逐渐形成的。

(3) 反应方面的差异。也就是说,情绪与情感的反应特点不同。情绪具有情境性、激动性、暂时性、表浅性与外显性等特点,如当我们遇到危险时会极度恐惧,但危险过后恐惧会消失。情感却具有稳定性、持久性、深刻性、内隐性等特点,如老年人对下一代殷切的期望、深沉的爱等。

四、情绪情感的功能

(1) 适应功能。情绪和情感是有机体生存、发展和适应环境的重要手段。有机体通过情绪和情感所引起的生理反应能够发动其身体的能量,使有机体处于适宜的活动状态,便于有机体适应环境的变化。同时,情绪和情感还可以通过表情表现出来,以便得到别人的同情和帮助。如在危险的情况下,人的情绪反应使有机体处于高度紧张的状态,身体能量的调动可以让人进行搏斗,也可以呼救。

情绪和情感的适应功能从根本上来说,就是服务于改善人的生存和生活的条件。婴儿通过情绪反应与成人交流,以便得到成人的抚养;成人也要通过情绪反映他处境的好坏。在社会生活中,人们用微笑表示友好,用示威表示反对;人们还可以通过察言观色了解对方的情绪状态,以利于决定自己的对策,维护正常的人际关系。这些都是为了更好地适应社会环境,求得更好的生存和发展的条件。

(2) 动机功能。情绪和情感构成一个基本的动机系统,它可以驱动有机体从事活动,提高人的活动的效率。一般来说,内驱力是激活有机体行动的动力。然而,情绪和情感可以对内驱力提供的信号产生放大和增强的作用,从而能更有力地激发有机体的行动。如缺水使血液变浓,引起了有机体对水的生理需要。但是,只是这种生理需要还不足以驱动人的行为活动,因为意识到缺水会给身体带来危害,所以产生了紧迫感和心理上的恐惧,这时,情绪和情感就放大和增强了内驱力提供的信号,从而驱动了人的取水行为,成为人的行为活动的动机。

情绪和情感的动机作用还表现在对认识活动的驱动上。认识的对象并不具有驱动活动的性质,但是,兴趣却可以作为认识活动的动机,起着驱动人的认识和探究活动的作用。

(3) 组织功能。情绪和情感对其他心理活动具有组织的作用。其组织作用表现在:积极的情绪和情感对活动起着协调和促进的作用;消极的情绪和情感对活动起着瓦解和破坏的作用。这种作用的大小还和情绪、情感的强度有关。一般来说,中等强度的愉快情绪有利于人的认识活动和操作效果的提高;痛苦、恐惧这样的负面情绪则会降低操作的效果,而且强度越大,效果越差。

情绪和情感对记忆的影响表现在,当人在愉快的情绪状态下,容易记住带有愉快色彩的记忆材料。在某种情绪状态下记住的材料,在同样的情绪状态下也容易回忆起来。

情绪和情感对行为的影响表现在,当人处于积极的情绪状态时,容易注意事物美好的一面,态度变得和善,也乐于助人,勇于承担重任;在消极情绪状态下,人看问题容易悲观,懒于追求,甚至更容易产生攻击性行为。

(4) 信号功能。情绪和情感具有传递信息、沟通思想的功能。情绪和情感都有外部的表现,即表情。情绪和情感的信号功能是通过表情实现的,如微笑表示友好,点头表示同意等。此外,表情既是思想的信号,又是言语交流的重要补充手段,在信息的交流中起着重要的作用。从发生早晚来说,表情的交流比言语的交流出现得要早。

五、情绪调节

1. 情绪调节的概念

情绪调节就是指个体管理和改变自己或他人情绪的过程,具体包括以下几个方面:

(1) 具体情绪的调节,主要是指喜、怒、哀、惧、焦虑、抑郁等的调节。

(2) 情绪唤醒水平的调节,主要是指使情绪体验和情绪行为维持在适度的水平的调节。

(3) 情绪成分的调节,主要是指情绪系统、认知和行为、情绪格调和动力性的调节。

2. 情绪调节的方式

情绪在人的生活中有着重要的地位。个体情绪不但对其自身有影响,同时对他人也有很大的影响。适时地对情绪进行适当的调节,不但可以顺应和协调社会和个人的关系,还可以协调人际关系,同时,把情绪调节在适当的水平对人的心理健康也有重要意义。情绪调节的方式主要有如下几方面:

(1) 生理调节。情绪的生理调节是以一定的生理过程为基础的。国外的学者研究发现,悲伤受到抑制时,引起躯体活动下降、皮肤电水平、心血管系统的交感神经激活水平和呼吸等明显上升;快乐受到抑制时,引起躯体活动、心率、皮肤电水平等明显下降。情绪的生理调节是系统性的,会改变或降低处于高唤醒水平的烦恼和痛苦。鉴于此,人们可以注意学会控制自己的情绪,通过对自己某一种情绪的控制,使自己的情绪生理唤醒维持在适度的水平,对健康有益。

(2) 情绪体验的调节。情绪体验是个体对自身情绪状态的感知。对情绪体验的调节包括对心态的调节,也包括对情绪体验强度的调节。不同情绪的调节,采取不同的策略。当人悲伤时,要学会向其他人倾诉。在现实中要适时适度地调整情绪的反应强度,避免过深地卷入情绪状态,不论是积极的情绪还是消极的情绪,卷入太深,人易被情绪控制,以至于难以做出理智的抉择。保持心态平和,不大喜大悲,客观看待事物。

(3) 情绪行为的调节。情绪行为的调节是个体通过控制和改变自己的表情和行为来实现的。心理学的研究表明,行为调节可以对情绪体验产生影响。如脸部肌肉的变化可以引起个体产生相应的快乐和愤怒的体验,而脸部肌肉的变化可以加强人的愤怒的体验。因此,在现实中,适当地调整自己的行为,可以达到控制情绪的目的。情绪行为主要可以通过这三种方式进行调节:一是控制好情绪表达。要学会抑制不良的情绪,适当的时候要学会掩盖。二是掌握交际技巧。可以充分利用积极情绪的表情动作,表达自己的要求、愿望和思想。三是转移注意力。当郁闷和焦虑等不良情绪出现,而又无法排解时,做些自己喜欢的事情,如运动、唱歌等,使不良的心理能量得到释放和缓解。

(4) 认知调节。认知过程是情绪产生的基础,认知角度不同,得到的信息不同,人的感受亦不同。现实中,遇到令人烦恼、苦闷的事情时,多方位、多角度地认识周围的事物,学会弹性地思考问题,掌握辩证的思维方式和良好的认知方式会使人的心境得到大大的改观。看问题的角度多,人就会更全面地认识问题的利与弊,就会冲淡事物不利方面所引发的不快。

(5) 人际调节。人际调节指利用个体的动机状态、社会信号、自然环境、记忆等因素调节情绪。人际调节可以通过以下几个方面做到:一是客观地分析环境,对周围的环境做出正确的评估,调整自己的目标,使之和周围的环境保持协调和一致。二是建立良好的人际关系,获得亲人、朋友、同事和其他人的心理支持,这对保持良好的心态很重要。三是注意环境的选择,自然环境要清新、有序,社会环境要健康、积极向上。

六、情绪理论

在心理学发展过程中,产生不少解释情绪的理论。从情绪理论发展的过程来看,比较重要的、对情绪的研究具有推动作用的情绪理论有以下几种:

1. 詹姆斯—兰格的情绪外周理论

美国心理学家詹姆斯(James W.)和丹麦生理学家兰格(Lange C. G.)分别于1884年和1885年提出了观点相同的情绪理论,后人称这种情绪理论为詹姆斯—兰格情绪理论。

詹姆斯认为,情绪是对身体变化的知觉,即当外界刺激引起身体上的变化时,人对这些变化的知觉便是情绪。也就是说,人并不是因为愁了才哭、生气了才打、怕才发抖,而是相反,人是因为哭了才愁、因为动手打了才生气、因为发抖了才害怕。兰格强调血液系统的变化与情绪发生的关系。他认为,植物性神经系统的支配作用加强,血管扩张,结果便产生愉快的情绪;植物性神经系统活动减弱,血管收缩,器官痉挛,结果便产生恐怖的情绪。

詹姆斯和兰格都强调情绪与机体变化的关系,强调植物性神经系统在情绪发生中的作用,所以被称作情绪的外周理论。这种理论虽然荒谬,也遭到了很多人的反对,但它强调了情绪和植物性神经系统活动的关系,引起了人们对情绪机制研究的广泛兴趣,对推动情绪机制的研究起到了重要的作用,所以在情绪心理学的发展中有一定的地位。

2. 坎农—巴德的情绪丘脑理论

美国心理学家坎农(Cannon W. B.)反对詹姆斯—兰格情绪理论,提出了很多质疑。坎农认为,情绪变化快而生理的变化慢;同样的内脏器官活动的变化可以引起极不相同的情绪体验;切断动物内脏器官和中枢神经系统的联系,情绪反应并不完全消失;用药物可以引起和某种情绪相同的身体变化,却并不产生相应的情绪变化。于是坎农于20世纪30年代提出了情绪的丘脑理论。坎农认为,情绪的生理机制不在外周,而在中枢神经系统的丘脑。外界刺激作用于感觉器官,引起神经冲动,经感觉神经传至丘脑,激发情绪的刺激由丘脑进行加工,丘脑所产生的神经冲动向上传至大脑皮层,引起情绪的主观体验;向下传至交感神经系统,引起机体的生理变化。因此,身体变化和情绪体验是同时发生的。

坎农的理论得到巴德(Bard P.)的支持和发展,故后人将这一理论称为坎农—巴德丘脑情绪理论。坎农、巴德发现了丘脑在情绪发生中的作用,驳斥了詹姆斯—兰格的情绪外周理论,提出了情绪的中枢理论,这是对情绪理论的发展。但是这一理论忽视了外因变化的意义,也忽视了大脑皮层对情绪发生的作用,也是有缺陷的。

3. 沙赫特的情绪认知理论

美国心理学家沙赫特(Schachter S.)提出,任何一种情绪的产生,都是由外界环境刺激、机体的生理变化和对外界环境刺激的认识过程三者相互作用的结果,而认知过程又起着决定性作用。

1962年,沙赫特和辛格(Singer J.)共同设计了一个实验:把被试者分为四组,除一组是控制组外,另外三组都是实验组。给所有被试注射药物,告诉被试注射的是维生素,目的是考察它对视觉的影响。然而实际上控制组注射的是生理盐水,实验组注射的都是肾上腺素,但告知三个实验组的被试药物生理反应不同,分为正确告知组、未告知组和错误告知组。因此,三个实验组被试的生理变化虽然是相同的,但三组被试对生理反应的认知却是不同的。在此状态下,看他们在愉快和愤怒两种不同的情景下的表现会有什么不同。结果发现,由于实验组被试对生理变化的认识不同,他们所产生的情绪体验也有很大的区别。正确告知组的被试和控制组的被试反应相同,他们不受生理变化的影响。另外两个实验组的被试情绪却受到很大的影响。这说明,生理变化在情绪的发展中肯定是会出现的,但对情绪体验来说却不是决定性的,决定性的因素是对外界刺激和对身体变化的认知。沙赫特将认知因素纳入对情绪发生的解释,这对情绪的认识又是一个进步。

4. 汤姆金斯和伊扎德的情绪动机—分化理论

汤姆金斯(Tomkins S.)和伊扎德(Izard C. E.)于20世纪60年代提出,情绪并不是伴随着其他心理活动产生的一种副现象,而是一种独立的心理过程。情绪有其独特的机制,并在人的心理生活中起着适应环境的独特作用。这种观点构成了情绪理论另一大派别,即情绪的动机—分化理论。

汤姆金斯直接把情绪看作动机。他认为,内驱力的信号需要通过一种放大的媒介,才能激发有机体去行动,而情绪正是起着这种放大作用的心理过程。不仅如此,情绪本身可以离开内驱力的信号而起到动机的作用。

伊扎德进一步指出,情绪的主观成分,即体验就是起动机作用的心理机制,各种情绪体验是驱动有机体采取行动的动机力量。伊扎德还认为,情绪是新皮质发展的产物,随着新皮质体积的增长和功能的分化,情绪的种类不断增加,面部肌肉的分化也越来越精细。情绪分化是生命进化过程的产物,只有情绪的分化,才使得情绪具有多种多样的适应功能,也只有这样,情绪在生存和适应中才起到了核心的作用。

第二节 老年人情绪情感的变化规律

由于各自的人生经历、文化背景、生活环境、个性特征和行为需求存在差异,因而老年人所处的情绪状态也会不一样。同时,由于生理上的变化、社会交往和社会角色的改变及心理机能的变化,老年人在情绪、情感方面往往会出现一些问题,呈现出一些不同于其他年龄段的特点。

一、老年人情绪情感的特点

1. 消极情绪情感逐渐增多

老年人比较容易产生消极的情绪情感体验,常常会感到身体状态明显不如以前,由于生理机能等能力的下降,容易受到疾病的困扰,而且疾病通常也会持续较长的时间,致使老年人会长时间处在消极情绪之中;由于工作环境和职务的变化,角色的变化,容易产生不适应性;由于子女忙着自己的事业和家庭,没有时间陪伴老年人左右,老年人往往感觉到孤独、寂寞和空虚。另外,处在高龄阶段,还会面临着丧偶的痛苦,等等。这些都使得老年人容易产生一些消极情绪。一项研究表明,老年人有很多担心的问题。在860位被调查的老年人中,最担心自己的健康的有378人,占43.95%,最担心物价上涨、经济入不敷出的有299人,占34.77%,担心患病后无人照顾的占11.63%,还有不少老年人担心自己被社会遗忘，等等。由此可见，老年人的消极情绪是比较多的，而且时间也比较长，一旦进入消极情绪中便难以出来。

2. 情绪体验比较深刻持久

老年人情绪体验的强度和持久性，主要是老年人的神经中枢有较高的唤醒水平。研究表明，老年人的消极情绪并不随年龄的增长而降低，往往表现得比较持久。虽然老年人的经验比较多，对于熟悉事物的适应水平较高，但是老年人碰到激动的事件，仍然能像年轻人一样爆发出强烈的情绪，而且一旦被激发，就需要较长的时间才能恢复平静。无论是心境、热情，还是激情、应激都会如此，如有的老年人受到不公正的待遇时，往往会耿耿于怀，久久不能平静。

3. 情绪表达方式较为内敛含蓄

老年人对于自己的情绪表现和情感流露更倾向于控制。老年人在日常生活中常常会掩饰自己的真实情感，不喜形于色。随着年龄的增长，老年人在性格方面往往有一个由外向到内向移动的倾向。因此，老年人在情绪表达方式上较为内敛含蓄，这与老年人长期的生活经验有关。老年人遇到事情，往往要考虑到事情的前因后果，照顾到方方面面，这在一定程度上缓冲了老年人活动的倾向性和表达方式。久而久之，逐渐形成了内向的性格，情绪表达日趋内敛含蓄。

当然，也有不少老年人知识经验丰富，容易看到事物的另一面（好事坏的一面和坏事好的一面），其情绪体验很少表现为纯粹的肯定或否定，而是能够客观、冷静地分析事物。

总之，积极情绪可以延缓老年人的生理衰老和心理衰退，积极情绪能提高老年人的晚年生活满意度和幸福指数。但是，人进入老年期后，随着年岁的增高、身体健康水平的下降、社会角色的变化等，会出现一系列消极情绪体验。

二、影响老年人情绪情感的因素

1. 老年人的情绪情感随着需要的变化而发生相应的变化

老年人随着生理衰老，必然会有这样那样的疾病发生。疾病的折磨、人际关系等变化都会导致老年人产生一些消极情绪。如老年人身体稍稍有不适，就容易焦虑不安，产生恐惧害怕的消极心理状态。

2. 老年人的情绪情感随着经济状况的变化而发生变化

如果老年人的生活越过越好，他们的感激之情油然而生，就会对生活感到满意，容易产生积极的情绪。如果不如意，生活水平不高，生活越来越困难，老年人就会感到难过、痛苦，容易进入消极情绪之中。

3. 老年人的情绪情感随着居住条件和社区环境的改善而发生变化

以往，由于历史的原因，老年人不仅生活水平较低，没有任何积蓄，居住条件也相当差。随着居住条件的改善、社区建设的发展、生活服务的加强，老年人的生活困难就可能越来越少，积极情绪就可能越来越深。

4. 老年人的情绪情感与家庭状况及家庭成员情况有密切关系

如果子女能够健康顺心、孝敬父母、家庭和睦，老年人就会感到满足、快乐和幸福。相反，如果子女生活、事业等不顺，家庭不和，老年人就会容易进入消极情绪中，经常会感到内疚、失望、伤心、痛苦。当老年人在情绪情感上感到极端痛苦而绝望时，就有可能走向轻生自杀的道路。

5. 老年人的情绪情感因社会角色的变化而易出现"退休综合征"

老年人退休后，由于环境的变化、角色的变化，一时难以适应，容易出现一些心理障碍，表现为失落、空虚、孤独、寂寞、焦虑与抑郁等情况。这个过程时间的长短，因人而异，与老年人的性格特征、能力、价值观等因素有关。如果老年人性格开朗外向、适应能力较强、对退休问题有正确的认识，时间就可能较短或者可能不会产生"退休综合征"。即使产生了，也会比较快地适应并转变。性格内向、适应能力差、对退休感到不满意的人，适应过程就比较长，难以走出这个阶段。如果在很长时间内，这些不良的心理状态都无法调整过来，就有可能转变为较为严重的心理障碍或心理疾病。

第三节 老年人的健康与情绪管理

研究发现，情绪是影响老年人健康的主要因素之一。良好的情绪状态不单是个体身心健康的表现，更是身心健康的前提与保证。对于老年人来说，退休导致权力、地位和环境的变化，都会引发情绪的变化，特别是引发消极情绪的出现。关注老年人健康，加强老年人的情绪管理显得尤为必要。

一、老年人健康的内涵

1. 老年人健康的概念

人既是一个生物性的个体，也是一个社会性的个体。人的健康不仅受生物因素的制约，也受心理因素和社会因素的影响。世界卫生组织（WHO）1946年成立时，在其宪章中对健康的含义做了科学的界定："健康乃是一种在身体上、心理上和社会适应方面的完好状态，而不仅仅是没有疾病和虚弱的状态。"就是说健康这一概念的基本内涵应包括生理健康、心理健康和社会适应良好三个方面，表现为个体生理和心理上的一种良好的机能状态，亦即生理和心理上没有缺陷和疾病，能充分发挥心理对机体和环境因素的调节功能，保持与环境相适应的、良好的效能状态和动态的相对平衡状态。

不少研究表明，人在一定的生活环境中构成一套影响心理平衡和适应活动的因素，并逐渐形成一套相对稳定的心理活动方式。当生活情景发生异常时，人的心理活动方式必须做出相应的调节，以便适应失调现象，但这不是每个人都能做到的。如果不能在自己的心理活动方式上做出相应的改变，势必会出现失调现象，从而引起心理机能紊乱，诱发心理疾病。

老年人作为一个特定的社会群体,其健康不仅仅是生理功能正常,而且还包括老年人正常心理和健康个性,即无精神障碍,性格健全,情绪稳定;能恰当地对待家庭和社会人际关系;能适应环境,具有一定的社会交往能力;具有一定的学习、记忆能力。

2. 影响老年人健康的因素

(1) 婚姻状况。婚姻是家庭的基础,是人们正常生活的必要条件。老年人的婚姻状况存在配偶率低、丧偶率高的现象。这种一高一低的现象,随着老年人年龄的增高,差别更加明显。许多资料表明,老年人的婚姻状况与健康状况关系密切。例如,丧偶给老年人带来严重的心理创伤和生活环境的急剧改变,致使丧偶老人的死亡率较有配偶者高。因为伴侣感情是老年生活幸福的重要支柱,任何其他方面的感情和社会支持,都无法代替婚姻伴侣的作用。实际上,有不少寡居的老年人有再婚的愿望,前些年老年人再婚的社会压力较大,有的子女反对,有的怕社会议论。这些年情况有所改观。

(2) 家庭结构和家庭关系。老年人离退休后,从社会转向家庭,家庭就成为老年人物质支持、精神安慰和生活照料的主要依托。因此,家庭是影响老年人健康的重要因素,尤其是当代的老年人还较为传统,家庭观念较强,喜欢在家里,不喜欢老人机构。调查发现,有些老人尽管住进了条件很好的老人院,可还是有被家人遗弃的感觉。而目前,家庭结构变化的趋势是由大家庭向小家庭发展,核心家庭逐渐增多。第六次全国人口普查(不包括港澳台地区)资料表明,平均每个家庭户的人口为3.10人,比2000年第五次全国人口普查的3.44人减少0.34人。这在一定程度上削弱了家庭养老作用,弥补方法是老年人的住处应尽量靠近子女,以便得到子女的及时照护。

(3) 文化程度。文化程度对老年人生活条件和健康状况影响很大。通常,老年人的文化程度越高,经济收入、家庭地位与社会地位就越高,其健康状况也就越好。此外,老年人文化程度的高低还直接影响其再就业,或参加社会活动的能力,对老年人的社会交往和精神生活产生重要影响。我国老年人的文化程度普遍较低,文盲、半文盲比例高。老年人的文化程度还具有明显的年龄、性别和地区差异,高龄、女性和农村老人文化程度更低。

(4) 经济收入。老年人的经济收入通常要低于一般人的水平。城市老年人的平均收入低于同期城市职工的平均收入。老年人再就业是补助老年人经济不足的重要方式,但目前我国老年人再就业率很低。农村地区老年人的收入主要来源于自己劳动和子女接济,经济收入低的问题较为突出。经济收入低下严重影响老年人的营养、生活条件、医疗保健等,从而影响其健康状况。

(5) 社会关系和社会交往。在我国,有13.63%的老年人在自我照料方面有一定困难,需要得到他人的帮助。调查发现,95.27%的老年人在遇到困难时由其子女或配偶照料,2.46%向亲友求助,很少有人向社会求助。这种现象一方面说明了中国传统的文化风俗对老年人意识的影响,另一方面也反映了我国老年人社会保障体系有待进一步完善。随着核心家庭的增多,越来越多的老年人将与子女分居。从目前情况看,老年人参加社会活动的比例低,只占老年人总数的13.38%,这在很大程度上影响着老年人的生活质量。其实，老年人的生活也可以丰富多彩的。

二、不良情绪与健康

1. 心理应激与健康

心理应激属于情绪维量上"紧张—舒缓"维度的紧张极。一定程度的应激，也就是一定程度的心理紧张度，对人从事各种活动是必要的，因为它可以为人可能的行为提供必要的能量——在应激状态下，植物性神经系统调节着有机体的活动，呼吸会加快、加深，心率增加，血管收缩，血压上升；另外，应激反应还促进肾上腺素的分泌，在其影响下，脾脏会产生更多的红细胞（如果有伤口的话，将促进血液的凝固），骨髓将会产生更多的白细胞（去抵抗可能的感染），肝脏则会制造更多的糖原，为机体提供能量。

加拿大医生谢利（Selye G.）将个体在应激状态下的反应称为一般适应综合征（GAS）。它包括三个阶段：警觉阶段、阻抗阶段和衰竭阶段。警觉期是一个短暂的生理唤醒期，它为机体能够有力行动而做好准备。如果应激源保持下去，躯体则会进入阻抗阶段——一个适度的唤醒状态。在阻抗阶段，机体可以忍受并抵抗长时间的应激源带来的效应。然而，如果应激源持续的时间足够长或强度足够大，躯体的资源会耗尽，机体将会进入衰竭阶段。表7-1描绘并解释了这三个阶段。

表7-1 一般适应综合征各阶段说明

阶段一：警觉阶段 （整个生命过程中全程持续）	阶段二：阻抗阶段 （整个生命过程中持续出现）	阶段三： 衰竭阶段
• 肾上皮层扩张	• 肾上皮层收缩	• 淋巴系统增强/机能障碍
• 淋巴系统增强	• 淋巴结恢复原状	• 激素水平提高
• 对特定应激做出反应	• 原有激素水平趋于稳定	• 适应性激素耗尽
• 肾上腺素释放，伴随高水平的生理唤醒和消极影响	• 高度生理唤起 • 自主神经系统的副交感神经起作用	• 情感体验——通常为抑郁 • 疾病
• 对压力强度增加的敏感性提高	• 忍耐应激源；对进一步的衰弱效应阻抗	• 死亡
• 疾病易感性增强	• 对压力的敏感性提高	
该种状态持续下去便进入第二阶段	如果压力一直保持高水平，激素耗尽，个体将进入阶段三	

摘自《心理学导论》，赵坤、王辉、张林著，中国传媒大学出版社，2009。

一般来说，持续的应激状态可引起许多慢性疾病。如肌肉紧张可引起多种疼痛症。经常性的应激还会引起消化系统正常运行的障碍，胃媒分泌减少，胃酸在胃里停留过久而导致胃壁局部溃疡，最终转为慢性胃炎。长期的心理应激还能使某些器官发生物理性变化,如胸腺退化致使有机体免疫系统功能下降,这是导致身体任何部位细胞组织异常增生而发生癌变的原因之一。

当然,并不是每个心理应激状态的人都会发生上述病症。任何疾病均有它发生的病理和健康原因。关键是心理应激经常是在有机体某些薄弱环节上起诱导和助长作用,因此心理应激通常会被认为是一种致病因素。

2. 异常情绪与健康

在我们的日常生活中,有一些常见的异常情绪对人的负面影响极大。

(1)抑郁。抑郁是一种复合性负性情绪,它表现得强烈而持久。抑郁通常不会导致伤害他人的极端行为、人格解体以及严重的思维障碍,但常会使人处于一种消沉、沮丧、失望无助的状态之中,给人的生活带来诸多负面影响。抑郁发展为病态后,患者持续存在抑郁心境,并伴有焦虑,病程较长。

(2)焦虑。焦虑是一种紧张不安并带有恐惧体验的情绪状态,多半是由于不能实现目标或不能避免某些威胁而引起的。焦虑常与抑郁同时存在,二者在症状上有某些类似之处,如睡眠障碍、食欲改变、注意力难以集中、易怒等;但二者也有明显的不同,如在基本心境上,抑郁症患者的持久而内在的体验是情绪低落,焦虑症患者的基本心情是害怕、不安和紧张。

(3)情感淡漠。情感淡漠是指对外界刺激缺乏相应的情感反应,对亲人朋友(当然情感淡漠的人也少有朋友)和生活中的悲欢离合都无动于衷。情感淡漠症患者缺少丰富的内心体验,面部表情较少。这类人往往很难与他人建立正常的人际关系,难以适应社会生活,他们可能会在个别单独进行的工作中获得很不错的业绩,但从总体上来看,这类人很难获得成就,他们生活平淡乏味,缺乏创造性和独立性,没有细腻的情绪体验与表达,显得与社会格格不入。情感淡漠症的形成一般与儿童时期缺乏父母的爱有关。

(4)躁狂抑郁症。躁狂抑郁症又称躁狂抑郁性精神病,是一类以情绪高涨或低落为主要特征的精神疾病,同时伴有与心理障碍相关联的思维、意志行为障碍。躁狂抑郁症患者往往有情绪爆发性和行动的冲动性,缺乏自制力,极易兴奋,对人粗鲁,没有社会责任感,有攻击倾向。这类人心理不成熟,易受人调唆,做事不计后果。

三、情绪管理

生理和心理的衰退、家庭婚姻的破裂、社会角色的变化、经济收入的降低等,常常会使老年人的情绪处于紧张状态。一般认为,适度的、情境性的负性情绪反应是正常的,如果能处理得当,不会对人的生活造成影响。但是,如果负性情绪得不到合理的宣泄与调节,则会影响人的生活、身体和心理,使心理健康受损,甚至导致身体疾病。

如何让老年人学会管理自己的情绪,以健康积极的心态度过晚年生活,我们认为可以从以下几方面入手进行管理和培养。

1. 学会觉察自己的情绪

没有人会比你自己更接近自己,但这并不表明自己最了解自己。因此,对于自己的情绪状态应始终保持一定程度的警觉性。及时发现自己的不良情绪,就可以及时地想办法疏解,使自己处于良好的精神状态和生活状态,避免积郁成疾。其实,那种已成为心境的情绪是日积月累而成的,如《红楼梦》中的林黛玉,从小寄人篱下,缺乏安全感和归属感,加之性格内向,不善与人交流,而形成抑郁情绪,时间长了,就变成了一种稳定的人格特质。

为此,建议老年人或者老年人家属从以下几个方面提高或帮助提高老年人情绪的自我觉察能力,发现不良情绪能及时加以调节。

(1) 养成整理情绪的习惯。定期清理自己的情绪,在遭遇大的事件后,更要注意及时清理。

(2) 掌握自己的情绪活动规律。摸索出情绪低潮期和高潮期的规律,并找出有针对性的对策,增强情绪调节的预见性。

(3) 对不良情绪进行归类。按情绪的强度、持续时间、影响力把不良情绪进行归类,为化解不良情绪奠定基础。

(4) 学会理性分析情绪产生的原因。情绪产生后,人往往会处在非理性的状态中,但事过之后,应心平气和地分析情绪产生的原因,为以后更好地控制情绪提供依据。

2. 学会合理宣泄情绪

情绪是一种由客观事物与人的需要相互作用而产生的包含体验、生理和表情的整合性心理过程。个性的不同导致宣泄情绪的方式也不同。外向者倾向于采用直接的宣泄方式,如哭、倾诉,甚至攻击性行为;内向者更倾向于间接发泄或"憋"在心里,如摔打东西、生闷气、不与人说话等。消极情绪堆积多了,时间长了,往往会产生爆发性的不良后果。另外,情绪宣泄的方式还和个体的性别、年龄、身份、受教育程度等因素密切相关。

因此,选择适当的地点、时间、场合,用恰当的方式宣泄不良情绪,缓解心理压力,才能避免不必要的"负重前行",保证"轻装上阵",这是获得健康心理的重要方面。常用的情绪宣泄方法包括以下几个方面:

(1) 哭泣。当遇到突如其来的灾祸,精神受到打击,心理不能承受时,可以在适当的场合放声大哭。这是一种积极有效的排除紧张、烦恼、郁闷、痛苦情绪的方法。

(2) 叫喊。人们可以利用宣泄室、卫生间、KTV 或者一些空旷的地方等场所,通过大声地叫喊来宣泄不良情绪,但一定要注意选择适当的时间和场所。

(3) 倾诉。当你心中积满苦闷、烦恼、抑郁等不良情结无法疏散时,可以向子女、老伴、朋友尽情倾诉,发发牢骚,吐吐委屈。这样,消极情绪发泄出来后,精神就会放松,心中的郁积之情也会渐渐化解。

(4) 活动。当你的消极心理使情绪极度低落时,会越不愿参加活动,情绪就越低落,这样就形成了恶性循环,使不良情绪加重。如果适当参加一些有益的活动,如下棋、散步、家务劳动、唱歌、跳舞,就可以使郁积的怒气和不良情绪得到发泄,原本十分低落的情绪就可以改变。

（5）表达。用表达法来宣泄自己的情绪有两种形式：一种是书写。写日记与自己对话，毫无保留地表达内心的真实想法，把自己心中的委屈、烦闷、气愤等都痛快淋漓地写出来，写完了再念几遍。第二种是谈心。找一个热心、耐心、公正、宽厚、有见识、对自己又比较了解的人谈心，把自己心中的话痛痛快快地倒出来，并得到对方的劝导，心中会有一种舒畅的感觉。

3. 学会适度控制情绪

合理宣泄情绪可以缓解情绪，减轻心理冲突，但宣泄只能治标，不能治本。我们可以采取以下几种方法来控制情绪。

（1）冷处理法。将要发生冲突时，要有意识地降低说话声音、放慢速度，避免身体前倾，就可以淡化、缓和紧张的气氛，在一定程度上控制消极情绪的蔓延。养成冷静处理问题的习惯，可以控制消极情绪的发生和发展。如要发怒，先从1数到10再开口，或接受俄国作家屠格涅夫的忠告，"将舌头在口腔内转上10圈再开口"，以加强自我克制。

（2）转移控制法。当我们认识到痛苦是不可避免的，只能默默地忍受时，就要尽快、尽可能积极主动地将自己的注意力转移到那些最有意义的事情上去，转移到最能使你感到自信、愉快和充实的活动中去。这种方法的关键是尽量减少外界刺激的输入量，尽量减少它的影响和作用。

首先，有意识地转移注意焦点。当你遇到挫折感到苦闷、烦恼，情绪处于低潮时，要暂时抛开眼前的麻烦，不要再去想引起苦闷、烦恼的事，而把注意力转移到感兴趣的活动和话题中去。多回忆自己感到幸福、愉快的事，以此来冲淡或忘却烦恼，从而把消极情绪转化为积极情绪。

其次，可以自觉地改换环境，避开造成消极情绪的场景，减少环境刺激。如当感到控制不住恼怒时，可以迅速离开现场，可以外出散步、旅游参观等。这样借助新的环境，就可以冲淡、缓解消极的心理情绪。

当烦恼、忧愁时，可以做些自己喜欢做的事，如读书、练书法、看电视、打球、散步、跳舞、唱歌等，转移注意力，减少环境刺激。

（3）理智控制法。通过对消极情绪可能导致的结果进行理性分析来控制情绪。理智地控制自己的情绪，理智地分析消极情绪产生的原因，克制冲动，寻求缓解情绪的方法，发挥良好的意志品质。

4. 学会主动调节情绪

克制情绪是在消极情绪发生后进行的，而调节情绪则是在平时主动保持良好情绪状态的一种心理调节能力。如果说控制是问题已出现，不得已而为之，那么，调节情绪则更多的是在问题出现之前的防患于未然。

（1）自我暗示法。暗示是借助语言的刺激纠正和改变个体的某种心理状态或行为心理调适模式，是指自己有意识地将某种观念不断强化来影响自我的情绪和行为。常用的自我暗示的方法包括语言的自我暗示、动作的自我暗示、心理图像的自我暗示等。"暗示"对人体的心理、生理活动有明显影响，不仅可以增强自信心、促进自我悦纳，还可以松弛紧张情绪,克制愤怒。

(2) 自我激励法。一方面,自我激励可以帮助自己建立自信,活跃思维,更好地解决疑难问题,保持良好情绪;另一方面,即便处在困难或逆境中,自我激励也能使自己从困难和逆境造成的不良情绪中振作起来。总之,恰当运用自我激励可以给人以精神动力。

(3) 静态放松法。在学习之余,试着采用以下方式主动获得平静的良好心境。

① 想象法。通过对一些安宁、舒缓、愉悦的情景的想象来达到身心放松的目的。个体可尽量运用各种感官,想象各种形状、声音、颜色、气味、场景,体验那种亲临其境的感觉。

② 肌肉放松法。个体采用站、坐、卧的姿势,以卧式为主,试着对头、颈、四肢、躯干等部位进行肌肉紧张放松的训练,体会放松的感觉。个体经过训练后可以起到缓解消极情绪产生的紧张状态的作用。

(4) 音乐调节法。音乐调节法就是指通过情感色彩鲜明的音乐控制情绪状态的方法。

音乐疗法的倡导者是18世纪末的阿特休勒。他发现音乐对精神病患者的治疗有一定的促进作用。后来又有人发现,高血压病人听了一首协奏曲,血压竟下降了13 mmHg～20 mmHg。研究发现,那些典雅、庄重、平和、优美的乐曲,如贝多芬的《田园交响曲》,可以使人血压正常、肌肉松弛、脉搏放慢、心情宁静、轻松愉快;激昂欢快的乐曲(包括现代流行的摇滚乐、迪斯科舞曲)能使人情绪振奋、斗志昂扬。因此,我们在选择用音乐来调节情绪时应根据自己的精神状态选择乐曲,综合考虑节奏、曲调(包括音调和旋律)、和音、旋律配合等因素,使音乐更好地发挥调节情绪的作用。

「心理关爱小贴士」

10步放松法

放松是为了消除或缓解紧张感。一张一弛的肌肉放松法就是先让肌肉紧张,然后再放松,在感受紧张后再充分体验放松的效果,共分为10步。放松的顺序是从上至下,具体操作如下:

1. 面部放松。怒目圆睁,使眼睛与眼眶肌肉紧张,保持10秒钟,然后放松;嘴角尽力后拉,保持10秒钟,然后放松;牙关紧咬,保持10秒钟,然后放松;用舌头抵住上颌,使舌头紧张,保持10秒钟,然后放松;最后将各部分的紧张与放松同时进行练习。

2. 颈部肌肉放松。从前、后、左、右四个方向绷紧颈部肌肉,保持10秒钟,然后放松。

3. 肩部肌肉放松。尽量提升及肩向上,保持10秒钟,然后放松。

4. 臂部肌肉放松。握紧拳头,使双手及前臂肌肉紧张,保持10秒钟,然后放松;侧平举双臂做扩胸状,体会臂部紧张,保持10秒钟,然后放松。

5. 胸部肌肉放松。双肩用力后扩,使胸部四周肌肉紧张,保持 10 秒钟,然后放松。

6. 背部肌肉放松。双肩用力前收,体会背部紧张,保持 10 秒钟,然后放松。

7. 腹部肌肉放松。尽量收腹,好像逃避别人的拳击,保持 10 秒钟,然后放松。

8. 臀部肌肉放松。夹紧臀部肌肉,收紧肛门,保持 10 秒钟,然后放松。

9. 腿部肌肉放松。绷紧双腿,并膝伸直上抬,好像两膝之间夹着一枚硬币,保持 10 秒钟,然后放松;将双脚向前绷紧,体会小腿部位的紧张,保持 10 秒钟,然后放松;将双脚向膝盖方向用力弯曲,保持 10 秒钟,然后放松。

10. 脚趾肌肉放松。将脚趾向下弯曲,好像用力抓地,保持 10 秒钟向上翘,而脚掌踩着不动,保持 10 秒钟,然后放松。

认真做完以上 10 步,充分体会肌肉紧张之后的舒适、放松的感觉,反复练习,可以缓解紧张情绪和焦虑症状。

▷ 关键术语 ◁

情绪、情感、心境、激情、应激、道德感、理智感、美感、情绪调节、健康、情绪管理、暗示

▷ 分析思考题 ◁

1. 情绪的含义是什么?情感的含义是什么?
2. 情绪与情感的关系是什么?
3. 情绪有哪些理论?
4. 老年人情绪情感的特点有哪些?
5. 影响老年人情绪情感的因素有哪些?
6. 一般适应综合征包括哪几个阶段,具体内容有哪些?
7. 老年人如何进行情绪管理?

第七章 老年人的性格

> 开朗的性格不仅可以使自己经常保持心情的愉快,而且可以感染你周围的人们,使他们也觉得人生充满了和谐与光明。
>
> ——罗曼·罗兰

▶ **学习目标** ◀

1. 掌握性格的基本概念、特征及分类。
2. 重点把握性格和老年人心理健康的关系。
3. 了解老年人的性格特征。
4. 重点把握老年人的性格变化及应对策略。
5. 关注并关爱空巢老人。

▶ **开篇案例** ◀

张爷爷60多岁,患糖尿病多年。最近两年在家里性格越来越倔,很容易为一点点小事发脾气,有时候两岁小孙子说"不喜欢爷爷了"等话,都能让老人耿耿于怀,甚至不理小孙子。张爷爷平时也没有什么兴趣爱好,子女尝试跟他沟通,想尽各种办法让他高兴点,可老人总说:"我自己一个人待着就高兴……"老爷子变得越来越沉默寡言,有时候玩电脑能玩上一天,对家里任何事情都不理不问。

第一节 性格的基础理论

一、性格的基本含义

1. 性格的概念

性格一词,在心理学上是指表现在人对现实的态度和相应的行为方式中的比较稳定的、具有核心意义的个性心理特征,是一种与社会相关最密切的人格特征,在性格中包含有许多社会道德含义。

性格表现了人们对现实与周围世界的态度,对自己、对别人、对事物的态度,并表现在他的行为举止中。稳定的态度表明一个人"做什么",即一个人追求什么、拒绝什么。而习惯化了的行为方式则表明一个人"怎么做",即如何追求要得到的东西,如何拒绝要避免的东西。

2. 性格的特征

(1) 态度特征。态度特征是指个体在对现实生活各个方面的态度中表现出来的一般特征。

(2) 理智特征。理智特征是指个体在认知活动中表现出来的心理特征。在感知觉、想象、记忆和思维等方面有具体不同的表现,比如在感知方面,有的人倾向于观察对象的细节,属于分析型;而有的人则倾向于观察对象的整体和轮廓,属于综合型。在想象方面,有的人倾向于主动想象,而有的人则倾向于被动想象。

(3) 情绪特征。情绪特征是指个体在情绪表现的强度、稳定性、持久性等方面的心理特征。比如,在情绪的强度方面,有的人情绪强烈,不易于控制;有的人则情绪微弱,易于控制。在情绪的稳定性方面,有的人情绪波动性大,情绪变化大;有的人则情绪稳定,心平气和。在情绪的持久性方面,有的人情绪持续时间长,对工作学习的影响大;有的人则情绪持续时间短,对工作学习的影响小。

(4) 意志特征。意志特征是指个体在调节自己的心理活动时表现出的心理特征,具体表现在自觉性、坚定性、果断性、自制力等主要方面。其中,自觉性是指在行动之前有明确的目的,事先确定了行动的步骤、方法,并且在行动的过程中能克服困难,始终如一地执行。与自觉性相反的是盲从或独断专行。坚定性是指能采取一定的方法克服困难,以实现自己的目标。与坚定性相反的是执拗性和动摇性,前者不会采取有效的方法,一味我行我素,后者则是轻易改变或放弃自己的计划。果断性是指善于在复杂的情境中辨别是非,迅速做出正确的决定。与果断性相反的是优柔寡断或武断、冒失。自制力是指善于控制自己的行为和情绪,与自制力相反的是任性。

3. 性格的分类

(1) 按心理过程的优势方面可把性格分为以下四类:

① 理智型——以理智来衡量一切并支配行动。

② 情绪型——情绪体验深刻,行为主要受情绪影响。

③ 意志型——有较明显的目标,意志坚持,行为主动。

④ 理智—意志型——兼有理智型和意志型的特点。

(2) 按心理活动的指向性可把性格分为两大类:

① 内倾型(内向型)——重视主观世界,常常沉浸在自我欣赏和幻想之中,仅对自己有兴趣,而对别人冷淡或看不起。

② 外倾型(外向型)——重视客观世界,对客观的事物和人都感兴趣。

(3) 按个性的独立性将性格分为两大类:

① 独立型——独立自考,不易受干扰,临阵不慌。

② 顺从型——易受暗示,紧急情况下易慌乱。

4. 性格的四个层次

(1) 世界观层次：包括了认识、观念、信念和理想。

(2) 现实态度层次：包括了对己、对人、对事的态度。

(3) 心理特征层次：包括理智特征（即认识过程、智力方面的稳固特征）、情绪特征（包括态度、稳定性、持久性、主导心境）和意志特征（即实现目标的坚定性、自控水平和应变能力）。

(4) 行为方式层次：包括"做什么"和"怎么做"。

二、与性格相关的概念

1. 人格

人格即 personality，源于古希腊语 persona，原意是指希腊戏剧中演员戴的面具，面具随着人物角色的不同而变换，体现了角色的特点和人物的性格。由于心理学家的研究取向不同，截至目前学术界还没有形成统一的定义。然而，综合各家的观点，我们可以将人格的概念界定为：人格是构成一个人的思想、情感及行为方式的特有模式，这个独特模式包含了一个人区别于他人的稳定而又统一的心理品质。人格是个体身上最具色彩的闪光点，人与人的不同正是因为人格的不同。人格的使用范围也非常广泛，可以在生理、心理、宗教、社会、伦理、法律和美学等不同领域赋予它不同的意义。

性格是人格的核心，是人格的最明显和经常性的外在表现，是人格中涉及社会评价的那一部分内容，更多地受环境的影响，反映了社会文化的内涵，因此性格是有好坏之分的。

2. 个性

个性是一个人在他和周围环境相互作用过程中所表现出来的、区别于他人的、稳定的个人特点。我们日常使用的个性，强调个体区别于他人的独特性，从这个角度讲，个性体现了人格的一个特性。有研究者认为人格不仅包括心理方面的特质，也包括身体方面的特质；而个性只包括心理方面的特质，不包含身体方面的特质。比如，陈仲庚教授指出："人格……是人在社会过程中形成的给人以特色的心身组织。"因此，人格概念的外延比个性大。但是，在《中国大百科全书》心理学卷和教育卷都认为，人格也称为个性。其次，我们把心理现象分为心理过程、心理状态和心理特性，其中心理特性又分为个性心理特征和个性倾向性，前者包括能力、性格和气质。可以看出，性格是从属于个性心理特征的。因此，笔者认为人格包含心理方面和身体方面的特质，个性只包含心理方面的特质，且着重体现独特性，即个性是人格的一个部分，而性格则是从属于个性的心理特征的。

3. 性格与人生

良好的性格和人的学业、事业成就、人际交往和适应能力都有着密切的关系。好的性格应具有坚定的、开朗的、欢愉的、有胆略的、宽容的、助人的、真诚的、有雄心的、独立的、友爱的、尊重别人的、有责任心的、自制的等方面的特征。当然,大多数人是没办法达到这种近乎完美的性格品质,但我们可以通过自省和努力来不断优化我们的性格,以下五种方案可供借鉴:

(1) 校正认知偏差。由于受不良环境影响,或受存在不良性格的人的教育和影响,使某些人产生了错误的认知。比如:这世界上坏人多、好人少;同人打交道要防人三分、疑心重等,这样的人一般心胸狭隘、古怪、冷漠。要去改变这些,必须首先改变自身的不正确认知。可多参加有意义的集体活动,去充分体验感受生活;多看些进步的书籍和伟人、哲人传记,看看他们的成功史和为人处世之道,这样对自己性格的改变都会有帮助。

(2) 有意识地进行自我锻炼。人是一个自我调节的系统,一切客观的环境因素都要通过主观的自我调节起作用,每个人都在不同的程度上,以不同的速度和方式塑造着自我,包括塑造自己的性格。随着一个人认识能力的发展和相对成熟,随着一个人独立性和自主性的发展,其性格的发展也从被动的外部控制逐渐向自我控制转化。如果每个人都意识到这一变化并促进这一变化,自觉地确立性格锻炼的目标,从而进行自我锻炼,就能使意志、情绪、理智等性格特征不断完善。

(3) 培养健康情绪,保持乐观的心境。一个人偶尔心情不好,不至于影响性格,若长期心情不好,对性格就有影响了。比如长年累月爱生气、为一点小事而激动的人,就容易形成暴躁、易怒、神经过敏、冲动、沮丧等特征,这是一种异常情绪性的性格。因此,要乐观地生活,要胸怀开朗,始终保持愉快的生活体验。当遇到挫折和失败时,要从好的方面去想,"塞翁失马,焉者非福?"一旦想开了,烦恼就会自然消失。有时,心里实在苦恼,可以找一个知心朋友交谈或去看心理医生。千万不要让苦闷积压在心,否则极其容易导致性格的畸形发展。

(4) 乐于交际,与人和谐相处。兴趣广、爱交际的人会学到许多知识、训练出多种才能,有益于性格的形成和发展。人与人之间要互敬、互爱、互谅、互让,善意地评价人,热情地帮助人,努力搞好人与人之间的关系。长此以往,性格就能得到和谐发展。

(5) 取人之长,补己之短。每个人的性格特征中都有好的因素,也有不良的特征,要善于正确地自我评估,辩证地对待自己的优缺点,好的使之进一步巩固,不足的努力改造,取人长,补己短,有则改之,无则加勉,久而久之,就能使不良性格特征得到克服和消除,良好性格特征得到培养和发展。

第二节　老年人的性格特点

性格的形成和发展贯穿整个人的一生,不仅受到个体的生物学因素的影响,也受到后天环境的影响,且后者的影响因子更大。针对老年人的性格到底是否会发生变化这样的问题,一项针对40岁到80岁人群进行的历时十年的研究显示,老年人的个性既有持续稳定的一面,又有变化的一面。曾经有研究者认为,中年至老年的变化,即从"主动掌握"变为"被动掌握"或从朝向外在世界变为朝向内心世界；另一部分学者则认为这种变化可能是特定年代的老年人的特点，也可能是一部分老年人的特点。另外，研究还表明老年人的个性是否发生变化与是否遭受到严重精神紧张刺激有关，也和老人的社会经济状况有一定关系。

一、老年人性格的一般特征

不同国家、不同文化背景下的学者都对老年人性格做了深入研究，得出的结果尽管有差异，但我们可以从中总结出一些共性的东西：

南非心理学家提出老年人具有以下性格特点：① 健康及经济上的不安；② 生活上的不完全适应造成的焦虑感；③ 在精神上由于兴趣范围减少而造成的孤独感；④ 对身体舒适的兴趣增大；⑤ 活动性减退；⑥ 性冲动减退；⑦ 对新的情况学习和适应都有困难；⑧ 一个人孤零零的，感到寂寞；⑨ 猜疑心、嫉妒心加重；⑩ 变得保守；⑪ 喋喋不休，爱发牢骚；⑫ 总好回忆往事；⑬ 性情顽固；⑭ 不修边幅、邋遢；⑮ 总喜欢收集破烂，特别是患痴呆症等病的老年人。

日本学者认为人类进入老年，往往具有下列的性格改变：① 自我中心性：以任性、顽固的形式表现出来，根源在于顽固程度日趋严重；② 猜疑性：以胡乱猜测、嫉妒、乖僻的形式反映出来，原因在于由于感觉能力的衰减所造成的对外界认知的困难；③ 保守性：讨厌新奇的东西，偏爱旧日的习惯、想法，原因在于记忆力的减退和学习能力的减弱；④ 疑病：过分关注自己的身体，原因在于对外界事物不关心，作用意识的丧失；⑤ 牢骚：因为把握不住现状，总好回忆往日的生活。

我国学者提出老年人由于身心老化所导致的性格改变体现在以下几个方面：① 自我中心性：性格由开始的固执己见和盲目自信最后发展到专横任性和顽固不化。② 猜疑心：由于视力和听力感觉器官的老化，造成对外界事物的认识模糊和反应迟钝，往往容易陷入胡乱猜测、嫉妒和偏见暴躁等偏激情感之中。③ 保守性：由于学习能力和活动能力的降低，因而讨厌或难以接受新鲜事物。但却非常注重以前的习惯或想法，守旧思想较为严重。④ 情绪性：随着对外界事物的关心程度日趋淡漠，对自己身体的注意却日益集中。性格变得极易过敏和神经质。⑤ 愚鲁和傲慢：不能正确地认识生活现状，每天只是沉溺于对往事的回忆之中，对于"当年之勇"即自己过去的成绩，却不厌其烦地整日挂在嘴上，唠叨不已，喋喋不休。

二、老年人的性格类型

1. 成熟型或健康型

这类老人对自己一生的事业感到欣慰，对自己的生活容易满足，对家庭和社会容易满意，对老年心理的生物性变化与社会性变化容易适应。这种老年人以科学的态度理解现实，以积极的态度面对现实，不患得患失。因而经得起欢乐与忧伤的考验，这种老人性格开朗，感情真挚，热爱生活，和蔼可亲，平易近人，富于幽默感。这种老人能积极思维,从事力所能及的有意义的活动,保持良好的社会交往,善于调节和控制自己的情绪,"不以物喜,不以己悲",对碰到的挫折和丧失,甚至是将要到来的死亡,并不感到苦恼与恐惧。这种人性格属慈祥型,也可属进取型。

2. 安乐型或悠闲型

这类老人承认或接受现实的自我,安于现状,能够较好地顺应角色的变化,选择适合自己的休闲生活,满足于现状,对现状或将来没有计划,无所追求,只想悠闲自得地生活。这种老人缺乏自力更生和进取精神,物质上希望得到别人的帮助,精神上希望得到别人的安慰,胸无大志,不求有功,但求无过,对人对事不感兴趣,不关心他人,舒舒坦坦地过日子。

3. 防御型或自卫型

这类老人自我防卫性强,对自身的衰老和外来的各种不幸采取防卫机制来对付,用紧张的工作和不停地活动来回避老年期的丧失与空虚,无暇顾及闲暇、未来和老死,对工作有义务感和事业心,忙忙碌碌地过日子。

4. 抑郁型或自责型

这类老人较难适应离开工作岗位、社会地位或角色发生了变化的晚年生活。他们常常留恋过去,对人对事缺乏兴趣,对未来失去信心和希望。由于生活单调、空虚、无聊,心理上更增加了寂寞感和不安全感,容易发展为抑郁症。自责型老人把自己的不幸归罪于自身,常自责自罪,悲观失望,对别人漠不关心,十分孤独。他们认为衰老和死亡并不是一种威胁,而是一种解脱。

5. 愤怒型或攻击型

这类老人不满现状、性格粗暴、跋扈、唯我独尊。对自己的一生感到懊恼,怨恨自己一事无成,把失败归于客观;不承认自己衰老,自我闭塞,对人对事均无兴趣,甚至常有对立情绪。

三、老年人性格变化的原因

年龄的增长、由退休造成的生活环境的改变,都会使得老年人在对待周围事物的态度和方法上发生变化,具体表现在如下几个方面:

1. 生理原因

(1) 感觉器官功能下降。老年人视力下降、听力下降、味觉迟钝,这些都会给老年人的生活和社交活动带来诸多不便。例如,由于听力下降,容易误听,误解他人谈话的意义,出现敏感、猜疑,甚至有心因性偏执观念。

(2) 反应变慢。老年人大脑的血流量减少,摄氧量下降,神经细胞皱缩,神经细胞再生能力减弱,就会引起精神功能衰退,于是他们接受新事物和适应新环境的能力减弱了,情感变得平淡,性格也会变得固执起来。

(3) 记忆的变化。老年人的记忆特点是:近事容易遗忘,而远记忆尚好;有命名性遗忘;速记、强记虽然困难,但理解性记忆、逻辑性记忆常不逊色。例如,由于记事记忆力的下降，容易忘事，使得老年人会出现烦躁、自责等情绪。

（4）疾病的增加。随着各器官组织的逐渐衰退导致其功能普遍下降，储备能力差，免疫功能下降，对疾病的抵抗力降低，因而老人更容易患病。病痛可能导致其产生不良情绪，从而引起性格不同程度的变化。

2. 社会原因

（1）社会角色的变更。老年人社会角色变更主要指由社会政治、经济地位的变化所带来的角色改变。到一定年龄之后，老年人自然地要由社会的主宰者退居到社会的依赖者行列；从社会财富的创造者行列退居到社会财富的消费者行列。这种角色变更对老龄人在行为上提出了新的要求。老年人必须放弃以往的行为角色，重新建立新的行为角色。典型的、急剧的社会角色变更就是退休和离休，离退休后老人离开工作岗位，生活环境发生很大的变化，周围的人际关系与以往不同，老人会觉得很失落。由于找不到适合自己的事情做而使其价值感降低，清闲会令他们没有充实感，从而心理产生抵触情绪和发泄性的行为反应。严重的甚至会引发离退休综合征。所谓离退休综合征是指老年人由于离退休后不能适应新的社会角色、生活环境和生活方式的变化而出现的焦虑、抑郁、悲哀、恐惧等消极情绪，或因此产生偏离常态的行为的一种适应性的心理障碍，这种心理障碍往往还会引发其他生理疾病、影响身体健康。当然，并非每一个离退休的老人都会出现以上情形，离退休综合征形成的因素是比较复杂的，它与每个人的个性特征、生活形态和人生观有着密切的关系。

（2）家庭结构。离退休后，老年人的生活范围退居到家庭之中，家庭成为老年人的主要活动场所和精神寄托。因此，家庭环境的好坏与否对老年人的心理将产生重要的影响。

随着经济的发展，人们的生活方式和价值观念（特别是家庭观念和生育观念）有了较大的转变，家庭结构逐渐从联合家庭过渡为核心家庭，家庭规模逐渐缩小，许多年轻人成家后自立门户，不与老人一起生活。老年人一般独自居住或者和老伴相依为命，而子女因工作等原因常年在外或是不经常回家。虽然子女会给老人较多的经济资助，但老人对子女的思念远非金钱所能弥补。身边没有照看或说话的人，特别是当老人生病或发生一些意外情况的时候，得不到子女的关心与帮助，无法应付疾病带来的身体和心理压力，更容易产生孤独感和消极情绪，形成孤僻的性格。如果能生活在和谐、充满关爱的家庭氛围中，老人就会保持比较健康、积极开朗的性格。

（3）婚姻状况。婚姻是安度晚年的舟楫。常言说"老伴，老伴，越老越要有伴"，这是生理学、心理学及社会理论对人类情感的如实总结。婚姻生活对于老人的重要性尤其显著，对老年人身心健康有着不可估量的作用。老年人口的婚姻关系是老年人口家庭的基础，是老年生命过程中的重要支柱，由于机体老化的发展而出现的生理和心理的不平衡、衰老和疾病等现象，可以通过和谐的老年婚姻关系，调整失衡，减少或减轻各种困扰。所以，老年人的婚姻状况会直接影响到老年人的生活和健康的照料。现有研究已表明，婚姻对健康和长寿有益，有配偶者的健康状况好于无配偶者，且死亡风险也低于无配偶者。

丧偶,可以说是部分老年人所经历的一次生活剧变,相继产生的抑郁情绪和孤独凄凉感难以排遣,常常使他们的健康状况急剧恶化,甚至使死神提前降临。统计资料显示,丧偶的老人比一般的老人更容易产生孤独、寂寞、抑郁等心理问题,并且在配偶死亡后两年内的死亡率是一般老人的7倍。可见,丧偶是导致老人提前死亡的重大心理因素。然而,丧偶老人若能平静地度过两年,其死亡率即趋同于一般老人。

再婚,是指老年人离婚或丧偶之后选择新的配偶共同生活。不论从老年人的心理需求还是生理需求方面看,只要处理好再婚问题,对老人的身心健康还是十分有益的。但我国老年人的再婚问题,由于受主客观多方面因素影响,它不但表现在社会舆论和亲属的干涉,还有相当的部分来自老年人自身。许多老人虽然有再婚愿望,但怕周围亲戚朋友或同事们轻蔑讽刺的神情,以致在背后指指点点的嘲笑,就再也没有勇气接触这个问题了。尤其是我国的老年妇女,长期受到封建伦理的束缚,只能强抑自己的感情而放弃再婚的行为。还有些老年人有太多思想顾虑,怕由再婚引起与子女的感情隔阂或伤害了他人的感情。虽然有了老伴,感情上有所依靠,但在日常生活中还有许多需要子女照顾的时候,特别是日后身体有病甚至失去自理能力以后,更需要有人床前侍奉,自己的子女不情愿,对方的子女也指不上,反而落得无人管。有些子女为了财产的问题,阻挠老年人再婚。给老年人带来了较大的压力,加重老年人的负担。即便再婚,婚后也有一段磨合期,处理不好会引起婚姻的再度破裂,引起各种纠纷和心理问题。

(4) 生活质量。老年人的居住条件、社会保障、医疗、饮食等多方面的因素都在一定程度上影响其性格的变化。如果这些条件达到了老年人的现实要求,他们会获得相应的满足感和幸福感,愉悦的情绪居多,性格也会趋于稳定。反之,老人会缺乏安全感,变得敏感、固执,幸福感缺失,情绪易低落。

四、老年人常见的四种性格特征解析

1. 固执

生活中,我们经常听到老顽固这个词,似乎顽固成了老年人的专利。老年人固执,这是许多年轻人对老年人的印象。固执就是顽固坚持自己的意见。为什么很多老年人会固执呢?首先,这是社会心理因素在起作用。老年人都有一段漫长的社会经历,在不同的生活方式中,积累了很多积极的或消极的经验,在各种生产活动中,总结了一些成功或失败的教训,由此对客观事物有自己主观的态度,而当主观态度不适应客观环境时,在旁人看来便表现为固执。其次,有一些老年人为了维护自己的"尊严",而主观强调自己言行的一贯正确性。也有少数老年人随着年龄的增加,不注意学习,从而影响他们接受新事物和新知识,还有极个别人为了"爱面子",掩盖自己的好胜心和虚荣心而固执己见,这些都是具体的原因。

对于固执、刻板这一特点,以往研究者采用内田、柯莱佩林测验法、桐原、达乌尼气质检查法、看镜子描写测验、罗夏克墨迹测验、重量判断测验、戈特肖尔德测验等方法对此进行测定,其中以戈特肖尔德测验为主要代表,研究表明顽固可能与被暗示性有关。老年期的罗夏克墨迹测验显示,与青年人相比,老年人不仅变得顽固了,而且顽固程度还随着年龄的增长在增加,但也并不是所有老年人都刻板。

固执行为一般是和固执思想认识密切联系的,要想克服它,首先是老年人自己应该深刻认识到固执性格之害,注重自我调适,陶冶情操,克服虚荣、孤僻、自傲等缺点,控制自己的情绪冲动,寻找更多的生活乐趣,养成接受新鲜事物的良好习惯;有严重心理障碍者,可去医院治疗。其次是作为家庭后辈的儿孙们,应注重精神赡养,对老年人多加体谅、热情和关怀,使之安度晚年。遇到老年人固执时,切不要粗野顶撞,与之相持,而应在了解老年人心理的基础上,耐心地向他们多做一些正面的说理,使老年人在自觉自愿基础上不再坚持那些不合实际的看法和做法。

2. 怀旧情绪

在闲暇无事时追溯往事,怀念过去的美好日子,感受与人相处那种自然纯朴的亲切,想念一起度过的快乐时光以及自己过去的成就、青春和价值,总能激起生命的感动,这就是人们常说的怀旧情绪。一般来说,一个在现实生活中春风得意、事业如日中天的人是很少有时间去留恋往事的。而那些曾经辉煌过、现在已辉煌不再的人就十分容易产生失落感,为取得暂时的心理平衡,而将自己陶醉在往日的辉煌之中,这在很多老年人身上表现得尤为明显,他们常常说"我们也曾经年轻过",聊以自慰,抚平心理的皱纹。

对于怀旧情绪,老年朋友要正确看待,坦然接受这一现象,学会控制自己。如果怀旧过了度,终日沉湎于此,老在回忆中叹息伤感,势必增加寂寞、孤独、忧郁的情绪。情绪性质起了变化,正常就会变成不正常。轻者容易引起心理疲劳,重者还可导致神经系统机能紊乱,如焦虑、忧郁、自卑等,以致丧失生活的勇气与信心。此外,还会造成身体免疫力、代谢能力和抗病能力下降,增加患各种身心疾病如高血压病、冠心病、哮喘病、糖尿病、动脉硬化、老年性痴呆的机会。那些晚年丧偶而身边又无子女照顾的老人,过分怀旧的后果更为严重,甚至会过早地谢世。

有三种辨别是否过分怀旧的标准供老年人加以判别:① 量的标准:如果一个人终日怀旧,对眼前的世界什么都看不惯,那么他的情绪就是不正常的。② 质的标准:如果从新旧对比当中得出的是消极的结论,产生的是消极的心态,那么这种情绪也是不正常的。③ 个性化标准:如果本人讨厌怀旧,却又无法摆脱,那么这种情绪显然属于不正常的范围。上述三条标准互相联系,互相印证,老年人或他们的家人一旦发现了怀旧情绪陷入不正常境地,应当立刻加以调整、正向引导或分散其注意力。

3. 竞争性

国外有研究表明,老年人由于自感竞争力下降,所以干什么事情都力争保险,因此具有小心和谨慎的性格特点。然而这种小心、谨慎是有条件的,在情况需要时,他们也和年轻人一样敢于冒险。

4. 自我中心

人们普遍认为老年人倾向于自我中心、自我吸引状态、热衷于满足人体日益增长的需要,即具有内倾性。有研究者指出老年人无视社会常理,但实际上随着年龄的增长,有些社会规范出现更新,老年人只是没有及时觉察这种变化从而被人误认为是无视常理,表现出缺乏一定的敏感性。除此之外,老年人喜欢简单化而不是复杂化,因为简单化比较容易保存能量。罗夏克墨迹测验的研究表明,老年人对与己无关的事毫不关心,因为经常存在自我为重的看法,所以无法正确地掌握客观情况、无法控制自己的欲望、常常为细微小事而感到不满,容易产生误解、行为与思维十分刻板,情绪感受性衰减、缺乏想象力等。综观关于老年期人格的大量研究,老年人以自我为中心的个性特征与他们精神能量的减少密切相关。

五、性格对老年人心理健康的重要性

美国心理学家马斯洛和米特尔曼提出的心理健康的十条标准被公认为是"最经典的标准":① 充分的安全感;② 充分了解自己,并对自己的能力做适当的估价;③ 生活的目标切合实际;④ 与现实的环境保持接触;⑤ 能保持人格的完整与和谐;⑥ 具有从经验中学习的能力;⑦ 能保持良好的人际关系;⑧ 适度的情绪表达与控制;⑨ 在不违背社会规范的条件下,对个人的基本需要做恰当的满足;⑩ 在集体要求的前提下,较好地发挥自己的个性。我国著名的老年心理学专家徐淑莲教授把老年人心理健康的标准概括为五条:① 热爱生活和工作;② 心情舒畅,精神愉快;③ 情绪稳定,适应能力强;④ 性格开朗,通情达理;⑤ 人际关系适应强。

以上标准中或是直接出现"性格"或"个性"这样的表述,或是与性格直接相关,如人际关系、情绪等。所谓"性格决定命运"是人们常常引用和基本认可的一句话,从心理学的角度分析是有一定道理的。思维决定行动,不同性格往往引导着他做出不同的判断和行为,一个人的人际关系和婚姻关系都会或多或少地受到性格的影响。比如焦虑型的老人,他们很难完全相信别人,常常担心配偶不爱自己,对夫妻关系充满愤怒和失望。而逃避型的老人,他们不在意有没有亲密的关系,也不喜欢别人依赖自己或者自己依赖别人。凡此种种,都是不利于身心健康的性格品质。因此,老年人要不断试着去改善自己性格中的差异,努力成为一个心理健康的人。首先,要深入地认知自己,清楚地了解到自身的优点和缺点进而肯定自己,发挥自己的优势、激发自己的潜能;同时要接纳自身缺点,千万不可过分自我,要学会听取别人的建议和意见,这样才能更好地进步并营造出和谐的人际关系。其次,老人在生活中要学会自我反省,尤其是在面对一些困难或心理上产生压力和害怕时,应该仔细思考原因所在,深刻的反省是找到原因的关键。最后,老年人在面对失败或身体疾病的时候,要敢于面对或再次尝试,不可终日郁郁寡欢,这样不仅对性格的良好改善造成影响,还会影响心理的健康。

1. 离退休综合征的表现与特征

(1) 无力感。许多老人不愿离开工作岗位,认为自己还有工作能力。但是社会要新陈代谢,必须让位给年轻一代,从某种意义上说,离退休对于老年人实际是一种牺牲。面对"岁月不饶人"的现实,老年人常感无奈和无力。

（2）无用感。在离退休前，一些人或事业有成，或受人尊敬，掌声、喝彩、赞扬声不断。一旦退下来，一切都化为乌有，退休成了所谓的"失败"。由有用转为无用，如此反差，老年人心理上便会产生巨大的失落感。

（3）无助感。离退休后，老年人离开了原有的社会圈子，社交范围狭窄了，朋友变少了，孤独感油然而生，要适应"全新"的生活模式往往使老年人感到不安、无助和无所适从。

（4）无望感。无力感、无用感和无助感都容易导致离退休后的老人产生无望感，对于未来感到失望甚至绝望。加上身体的逐渐老化，疾病的不断增多，有的老年人简直觉得已经走到生命的尽头，油干灯尽了。

2. 老年人丧偶心理活动的五个阶段

第一阶段：震惊阶段。所有的心理活动集中指向新近的死者。许多人往往痛不欲生，简直到了欲死不能的地步，他们整天啼哭，甚至拒绝死者火化或下葬。

第二阶段：情绪波动阶段。对死者和其他人发怒或带有敌意。这时，死者已离开身边，存留者常常会对着照片中的他（她）生闷气，又迁怒于其他人，很容易无缘无故地和别人争吵。

第三阶段：孤独感产生阶段。要求其他人的支持和帮助。由于配偶失去，旧的依恋关系已不复存在，悲伤的情绪开始向他人发泄。他们常常会不顾别人是否愿意听，对一切人诉说自己的不幸，希望得到别人的同情和帮助。

第四阶段：宽慰自我阶段。他们已清楚地意识到，配偶已永远地失去了，正常的生活已彻底被打乱了，整个心被绝望占据。

第五阶段：重建新模式阶段。他们开始从绝望中撤退，向往正常的生活并开始重新组织新的生活。这一阶段，他们把自己的情感转移到其他人或其他事上去，主动地压抑悲痛的情绪，从表面上看，情绪上完全恢复正常。

以上各阶段持续的长短，因人而异。总的来说，丧偶老年人的心理是消极的，因此他们要积极调适自己的心理，努力快点度过这五个阶段。

3. 老年妇女的性格特征

老年妇女由于体力和健康的衰退，社会职业、家庭地位、人际关系等方面的急剧变化及老年生活的好坏，在性格上会有很大差异，表现出多种多样的性格特征。根据对众多老年妇女的观察，大概可以分为以下几种性格类型：

（1）慈祥宽厚型。她们性格平和，乐观豁达，感情真挚，宽厚大量，乐于助人。对同辈人友善，对晚辈人慈爱，对人处事通情达理，和蔼善良，善与人处。在家庭和社会中是受尊敬的长者。她们不易生怪病、寿命长。

（2）活泼开朗型。她们性格开朗、活泼、精力充沛，朝气蓬勃，无忧无虑，清闲自在，经济宽松、家庭和睦，人际关系好，对人热情，对社会事务热心，对生活很满意，富于奉献精神。会工作，也会享受。或上老年大学，或跳老年舞蹈，或外出观光旅游，或参加社会活动，活得洒脱、利落。

（3）暴躁易怒型。有的老年人性格暴躁、易怒，这也不顺心，那也不如意，心境不佳，抑郁、爱激怒、爱抱怨或是厌烦家务劳动；或是子女不争气，或是手头经济不宽裕，或是有慢性病而心烦意乱，或是夫妻关系不和睦，经常气不打一处来，甚至摔东西砸瓢盆，不但搞得家庭人际关系紧张，邻里关系也相处不好。

（4）消沉拘谨型。这种性格的老年妇女因在生活经历中，曾遭受到各种不良刺激或严重挫折，形成她们谨小慎微的处世态度，性格不够开朗，而情绪较稳定，或性格孤僻，意志消沉，对人对事冷漠，心情抑郁。

第三节　如何应对老年人的性格变化

一、老年人尝试学会自我心理保健

1. 角色转变与重新适应社会和家庭环境

离退休虽然是一种正常的角色变迁，但不同职业群体的人，对离退休的心理感受是大不一样的。学者根据对北京市离退休干部和退休工人的对比调查，工人退休前后的心理感受变化不大。他们退休后摆脱了沉重的体力劳动，有更充裕的时间料理家务、消遣娱乐和结交朋友，并且有足够的退休金和公费医疗，所以内心比较满足，情绪较为稳定，社会适应良好。但离退休干部的情况就大不相同了，这些老干部在离退休之前，有较高的社会地位和广泛的社会联系，其生活的重心是机关和事业，退休、离休以后，生活的重心变成了家庭琐事，广泛的社会联系骤然减少，这使他们感到很不习惯、很不适应。所以高学历的老年人在退休前就需要思考退休后的安排问题，可以培养一些有益健康的爱好以适应脑力劳动的需要。适应老年人兴趣爱好的活动很多，如练习书法、钓鱼、养花、打太极拳等。退休后坚持参加老人的社会活动，重新建立人际关系，在新的人际关系中，互相帮助。美国心理学家研究表明，理解与帮助他人，也有利于自身的心理健康。

2. 保持乐观情绪，保持好奇心，时刻保持积极向上的心理状态

有些老人感到晚年生活并不愉快，部分老人不得不默默地承受着孤独、苦闷、压抑的折磨。出现这样的情况除了社会、环境因素外，也有老人自身的原因。譬如随着年龄增大，适应外界的能力也会逐渐减弱，老年人心理通常也会发生一些微妙的变化。遇上不良的环境和各种刺激，比如家庭关系的紧张或淡漠，亲情的减少或缺乏，老人很容易出现如孤独感、恐惧感，以及不安、抑郁、暴躁等，严重的甚至出现绝望的念头。如此便很容易诱发各种心理疾病，所以应"正视现实，接受挑战；乐观豁达，安享晚年；适应今天，迎接明天"。对老年期的自然心理变化和环境变化，要采取正视和接受的态度，因为现实已经存在，也不能随我们的意愿而改变，不会因为我们不喜欢这样的心理和事情，就不出现这样的心理和事情，也不会因为我们不希望老，时间就会倒退。因此应积极地

接受,比如空巢老人会因为依赖子女但子女不能在身边满足依赖感而伤心和难过,可以接受这种依赖想法,同时接受和面对这种依赖想法无法实现的事实,转而"依赖自己和老伴,或其他可以依赖的人"。并且需要坚信一种美好的心情,比十服良药更能解决心理的痛苦。当然如果生活在一个良好和谐的环境里,老年人的心理健康就会有一个良好的外部环境。

3. 勤于学习,科学用脑

老年人步入第二人生,最主要的心理准备就是重新学习,丰富精神生活,延缓大脑衰老。"树老怕空,人老怕松",要"活到老,学到老"。进入老年需要学习的东西很多,如老年自我保健,老年社会学、老年心理学、家政学等。同时还要了解国内外大事,了解社会变更,学习新知识,更新观念,紧跟时代的步伐。另外,还应该更新自己的专业知识和技能,学两手具有新时代特征的技术,如打电脑、上网等。"网上的世界真精彩",网上有很多值得老年人惊喜的东西。

二、其他家庭成员要正确认识老年人性格的变化

这种变化决不能归结为老年人的罪过,而是其心理年龄特征的体现。针对老人的特点,其他家庭成员要加以巧妙地引导,不要强硬对抗,而是在尊重肯定老人的同时,不知不觉之中对老人的心理生活给予引导,比如:

① 给老人安排一个良好的生活环境,使老人感到安全、可依赖,尽量避免精神刺激。② 鼓励和支持老年人参加文体活动和社交活动,多多主动和他们聊天,防止或减少他们产生孤独感。③ 定期陪老人到医院进行身体检查,关注他们的身体健康状况,及时预防和治疗躯体疾病。④ 多主动了解老人的情感体验,给予精神上的抚慰,帮助调节其不良情绪。⑤ 当发现老人有明显的性格改变时,遵循早发现早治疗的原则,让其及时就医,进行老年精神咨询等。

总之,老年人在躯体老化的同时,他们的性格也发生了不同程度的变化。一般会变得自我中心、敏感、固执、唠叨和孤独,因此我们应该多关注他们性格的变化,通过多渠道、多方法全面了解老年人性格变化的特点和护理措施,从自身出发改善老年人的生活,为其提供一个安稳、健康的晚年。

心理关爱小贴士

老年人性格自我保健

(1) 通过家人的反应可以意识到自身性格的变化,要尽力去接受这种变化。

(2) 尽可能去从事一些力所能及的事,可以提升自我价值感,充实日常生活,增加自信心。

(3) 想方设法丰富自己的生活情趣,比如:种花养鱼、看书读报、勤用脑子、进行适当的体育锻炼或通过旅游观光获得生活的乐趣。

(4) 始终保持乐观、平和的心态,善于利用精神解脱和自我安慰,学会疏解不良

情绪。

（5）老年人要学会在适当独立的基础上，依靠伴侣、家人或朋友取得安慰和精神的力量支柱。

（6）老年夫妻更要互相照顾、互相谦让，双方性格的一致性对老年夫妻生活有重要影响，具体表现为双方性格的一致性越高，夫妻关系越融洽。

心理关爱小贴士

丧偶老人的心理调节

丧偶的老年人，往往一时难以面对人死不能复生的现实，这时更要提高自我的控制能力，不妨根据自己的特点去选择不同的方法，以尽快走出痛苦的漩涡，重新设计自己的生活。以下提供几种心理调节策略：

（1）改变环境，转移注意力。比如：到子女家中住段时间；住所不再放置配偶生前使用的家具物品，以免见物思情。也可找些自我安慰方法比如：不把配偶逝世说成死，而是"仙逝"或去了另一个极乐世界。还可培养自己的兴趣爱好比如：养花、养鸟、养鱼、钓鱼、练习书法绘画等，使紧张的神经得到松弛。

（2）尽量将心中的苦楚向亲朋倾吐。丧偶老人应把内心的痛苦、焦虑和想法，一股脑儿地向子女、亲戚和朋友倾吐，以寻找情感上的支持和慰藉。一旦将心中的痛楚诉说出来，心里就会好过些，还能从亲朋好友的安抚中感受到温馨的抚慰与鼓励。

（3）积极参加各项社会活动，以新的社会活动方式取代以往的家庭生活方式。比如：有工作在身的可在一段时间内全身心投入工作，获得的成就感会有助于替代悲伤感。退休的老人可上公园散散步、慢慢跑，多结交一些新朋友。

心理关爱小贴士

关爱空巢老人

老年空巢家庭是指身边无子女共同居住，老年人独自生活的家庭，其中包括单人空巢家庭和夫妇两人的空巢家庭，这些家庭中的老人称为空巢老人。随着人口老龄化进程的加快，我国空巢家庭发展迅速，所带来的空巢家庭问题也日益受到人们的重视，如老年人的生活照顾、医疗保健、情感和心理需求等。

空巢老人因为空闲与孤独加速了心理的衰老，慢性躯体疾病增加了心理负担，无处倾诉使内心苦闷，从而成为老年抑郁症的多发地带。据世界卫生组织统计，抑郁症老人占全球老年人口的7%至10%，患有躯体疾病的老年人，其发生率可达50%。老年抑郁症的主要表现除情绪低落，兴趣丧失，睡眠障碍外，还有健忘、无力感及周身乏力，没精打采，耳鸣目眩，肢麻失眠，食欲减退，消化不良；便秘、阳痿、性欲减退；胸闷、喉紧、胃痛等躯体化表现。老年人抑郁的后果是严重的，甚至可能危及生命。由于抑郁是长期情绪低落的结果，因而很容易引发心肌梗死、高血压、冠心病、癌症等疾病，同时抑郁也是自杀的最常见原因之一。还有较为关键的一点，老人本身往往认识不到自己情绪方面的障碍，或认为这些是不光彩的，或是怕给儿女们找麻烦从而导致讳疾忌医，这样更容易耽误病情，延误治疗。

空巢老人作为社会的特殊群体，全社会都要对他们倾注关怀。他们的心理问题更不容忽视，帮助他们度过心理上的危机，保持和维护空巢老人的心理健康，是我们全社会的责任。

> **关键术语** <

性格、人格、个性、性格和心理健康、性格保健、空巢老人

> **分析思考题** <

1. 性格的特征及分类有哪些？
2. 性格和老年人心理健康的关系是什么？
3. 老年人的性格特征有哪些？
4. 老年人的性格变化及应对策略有哪些？
5. 如何关爱空巢老人？

第八章 老年人的动机

老骥伏枥，志在千里。 烈士暮年，壮心不已。
——曹操《步出夏门行·龟虽寿》

> 学习目标 <

1. 了解动机与意志的概念以及基础理论。
2. 掌握老年人主要的动机。
3. 着重理解老年人动机和意志发展规律和影响因素。

> 开篇案例 <

"人生最甜蜜的欢乐，都是忧伤的果实；人生最纯美的东西，都是从苦难中得来的。我们要亲身经历艰难，然后才懂得怎样去安慰别人。"这句经典的台词出自2012年香港大片《桃姐》，这部电影是由真人真事改编的，由许鞍华导演，叶德娴、刘德华、秦沛等人主演，讲述的是侍候了李家数十年的老佣人桃姐，把少爷罗杰抚养成人。罗杰从事电影制片人，年过半百了仍然独身，而桃姐也一直在照顾罗杰，直到有一天中风，住进了老人院。桃姐的大恩大德，罗杰没齿难忘，常常去老人院探望桃姐陪她聊天，陪伴她走过人生最后一段旅程。影片的大部分情节 描述了老年桃姐对李家如亲人般的温情，中风之后不愿麻烦别人，坚强生活下去的感人故事。

究竟是什么让桃姐可以一直不结婚，做一位忠诚的佣人，可以在花甲之年仍然有条有理地照料毫无血缘关系的雇主的起居？又是什么让桃姐在老年阶段中风后还能积极面对生活，微笑面对身边每个人，乐观积极地面对生活？

第一节 动机的基础理论

所谓"动机是行为的原形,行为又是动机的外显表现",因此即使是老年人,其行为仍然是由一定的原因引起的,这些原因有外在的,也有内在的。那么什么是动机?什么是意志?研究者们对动机又提出了哪些理论?本节将详细阐述。

一、动机概述

1. 动机的概念

动机是什么?尽管在心理学中有各种关于动机的看法,但是一般认为,动机(motive 或 motivation)是由目标或对象引导、激发和维持个体活动的一种内在心理过程或内在动力。动机是一种内部心理过程,它无法直接观察,也不能直接测量。要了解一个人的动机,只有靠行为者自我内省,或者从个体的外部行为来判断。在日常生活中,人们通常猜测和推断别人的动机,因为只有了解一个人的动机,才能更好地解释其行为,并对行为做出比较准确的预测和控制。

动机与行为的关系是复杂的,个体的行为活动不是单纯受一种动机的驱使,而是由其动机体系所推动。然而同一种行为可能来自不同的动机,不同的行为活动可能来自同一动机。其中,良好的动机通常能产生良好的行为活动效果,反之,不良的动机则会产生不良的行为后果。即便同一个人身上,行为的动机也有主从之分,多种多样的,例如一位老年人主导其接受单位返聘的工作动机是实现自我价值,同时也有希望多为自己和子女留下更多财富的次要愿望。

此外,动机与行为效果并不是一一对应的,不一致的情况也会发生。如一位老人退休以后希望跟子女生活在一起,帮助子女打理家务,但是由于两代人生活习惯和价值观存在差异,结果可能适得其反。

动机的来源有来自内部的驱动力,也有外在环境的诱因。诱因与驱力是分不开的,诱因是由外在目标所激发的,只有当它变成个体内在需要时,才能推动个体行为,并具有持久的动力。因此动机和目标紧密相连,但不完全相同。目标是行为要达到的最终结果,而动机是指引人去行动,以达到目标的内部心理过程。个体对目标的认识,由外部的诱因变成内部的需要,成为行为的动力,进而推动行为。没有动机就不可能达到目标,而目标又引导行为的方向。

2. 动机的性质

要理解动机的含义,我们需要了解动机的性质。马斯洛在《动机与人格》一书中阐述了人类动机的一些特点:

(1) 动机是完整的个体的动机,不是个体某个部位的动机。

(2) 动机总是指向个体的一些基本目标或需求,动机关注的是个体行为的根本原因。

(3) 人类学的研究表明,人类的基本动机是相同的,但是,用来满足这些动机的方式是因人或因文化而异的。

(4) 人的动机是复杂多样的,动机与行为之间并不是一一对应的关系。一方面,同样的动机可以通过不同的行为表现出来。另一方面,同样的行为背后可能有不同的动机。另外,人们的行为往往同时受很多动机的影响。此外,并非所有的行为或反应都有动机。

(5) 人类的动机存在有意识动机和无意识动机之分。有些动机人们可以通过自我反省了解,有些动机可能是人们察觉不到的。

(6) 动机是一个动态过程,它是连续不断的、无休止的。人从婴儿到儿童、从少年到青年、从青年到老年,尽管一个阶段的动机得以短暂的满足,但是又会产生新的动机,导致极少达到完全满足状态。

3. 动机的功能

动机要求行为活动,从动机与行为的关系分析,老年人不同于中年人的一些行为活动,往往是受到此年龄阶段所具有的动机的影响,概括起来动机有以下功能:

(1) 激活功能。动机是个体能动性的一个主要方面,它具有激发行为的作用。

(2) 指向功能。动机不仅能激发行为,而且能够将行为指向一定的对象或目标。

(3) 维持和调整功能。动机具有维持功能,它表现为行为的坚持性。当动机激发某种行为并指向一定对象和目标时,个体的活动能否坚持下来,也受动机调节和维持。一般情况下,当活动指向个体所追求的目标时,此活动就会在相应的动机的维持下继续下去;相反,当活动背离个体所追求的目标,个体可能就会适时调整自己的动机和活动,或者完全停止自己的活动。

二、动机的类型

人类的动机是复杂多样的,对它们进行分类是动机研究的一个重要问题。关于如何对动机进行分类,心理学家们意见不一,其中有两种分类值得注意。一种是根据动机的性质,将动机分为生理性动机和社会性动机;一种是根据动机的来源,将动机分为内在动机和外在动机。

1. 生理性动机与社会性动机

根据动机的性质,人的动机分为生理性动机和社会性动机。

生理性动机,是具有生理基础的行为动力,它以有机体自身的生理需要为基础,如饥渴动机、性动机、母性动机以及睡眠动机等。人类的这些动机驱使着人们去活动,从而满足其生理需要,某种生理需要一旦满足,生理动机便趋于下降。另外,由于人是社会性动物,所以人的生理性动机也被打上社会生活的痕迹。

社会性动机,是以人的社会文化需要为基础,个体在社会生活环境中,通过学习和经验而获得的动机。个体有探索和求知的欲望、成就的需要、交往的需要、权力的需要和认知的需要等,因而产生了相应的兴趣、成就动机、交往与亲和动机、权力动机以及认知动机等。这些社会性动机推动着个体去探索未知的世界,推动着个体为既定的目标而努力,希望获得他人和社会的赞许,希望参与社会团体,并能在其中获得一定的地位和声誉。

2. 内在动机与外在动机

根据动机的来源,个体的动机可分为内在动机和外在动机。

内在动机,是指由个体内在需要引起的动机,指个体对某些活动感兴趣,活动本身成为个体从事该活动的推动力。心理学家布鲁纳认为,内在动机主要由三种内驱力引起:一是好奇心,即对求知和探索的兴趣;二是好胜心,即胜任工作、表现能力的欲望;三是互惠的内驱力,即与他人和睦相处,相互协作的需要。通过了解内在动机的主要来源,可以帮助老年人找到影响他们行为积极性的内在因素,引导老年人度过积极充实的老年时光。

外在动机,是相对于内在动机而言的,是指人在外界的要求与外力的作用下所产生的行为动机。当个体参加某种活动的来源不是来自活动本身,而是因为活动的外在奖赏或压力时,他便是受到外在动机的影响。

个体在行为活动中,内在动机和外在动机都会起作用,内在动机与外在动机的划分不是绝对的。由于动机是推动个体行为活动的内部心理过程,因此,任何外在的奖赏、要求或压力必须转化为个体的内在需要,才能促成行为活动的出现。尽管在外在动机的作用下,个体的行为活动更多地依赖于社会评价,但是这样一种心理过程同样属于需要的内容。在这种意义上,外在动机的实质也是一种内部动力。另外,在某种外在动机的驱使下个体从事某种活动,可能会在活动的过程中对活动本身产生了兴趣,那么外在动机便转化为了内在动机。同样,研究发现奖励的出现可能会降低个体对活动本身的兴趣。

三、动机理论

1. 本能论

十九世纪末二十世纪初,在达尔文进化论的影响下,大部分心理学家认为,个体的大部分行为是受本能影响和控制的。因此动机最早是由本能的概念引入心理学的,在动机心理学中,本能论曾经一度占统治地位。美国心理学家詹姆斯(James W.)提出人的行为依赖于本能的指引,人除了具有动物的本能外,还具有社会本能,如爱、交往、同情、诚实等。此后,美国另外一位心理学家麦独孤(McDougall W.)系统提出了动机的本能理论,他指出人类的一切思想和行为的基本源泉和动力都是本能,本能具有三个成分:能量、行为和目标。

二十世纪二十年代末,本能论开始受到怀疑和批评,因为它不能确切解释人的行为,对行为有循环论证的现象。本能论过分强调固定的先天行为机制,而人类的许多行为可以由学习来解释。跨文化的研究也表明,许多曾被认为是普遍代表的"人类天性"

的行为模式实际上是可变的,它们反映着独特的文化与价值观的差异。

尽管本能论受到批评,但是在一些研究中仍占有一定的地位。一是弗洛伊德的精神分析理论,它建立在本能论的基础上。弗洛伊德也将人类行为的根本原因归结为先天力量,他认为人的心理活动的原动力是由本能驱力决定的,本能驱力使个体产生一种紧张状态,驱使个体行动,通过消除紧张来获得满足。二是马斯洛的需求层次理论,认为个体的行为是由与生俱来的自我实现的潜能决定的。

2. 驱力理论

由于本能论在解释人类一些行为时产生了困难,便出现了驱力理论,其中以赫尔(Hull C. L.)提出的驱力减少理论为代表。赫尔假定个人要生存,就要有需要,需要进而产生驱力,驱力可以供给机体能量,使个体做出行为,需要得到满足时,驱力下降,因此寻求驱力降低就成为个体行为的动机。赫尔指出有些驱力可以来自内部刺激,不需要习得,称为"原始驱力";有些驱力来自外部刺激,需要通过学习得到,称为"获得驱力"。

赫尔认为,驱力(D)、习得强度(H)和抑制(I)共同决定了个体的有效行为潜能(P),用公式表示如下:$P = D \times H - I$。

3. 唤醒理论

人类的行为并不是总是消除紧张,某些追求刺激和冒险的行为,无法用驱力理论解释,赫布(Hebb D. O.)和柏林(Berlyne D. E.)等人提出了唤醒理论。唤醒是指由外部刺激引起的大脑皮层的兴奋状态,一般来说人们喜欢中等强度的刺激,它带来最佳唤醒水平,刺激水平太高或太低,个体都会感觉不舒服。唤醒理论认为,人们对唤醒水平的偏好是个体行为的决定性因素之一。

唤醒理论包括三个基本理论:第一,人们偏好最佳的唤醒水平。刺激水平和偏好之间的关系是一条倒U型曲线;第二,简化原理,即重复刺激降低唤醒水平;第三,个体经验对偏好的影响,富有经验的个体偏好复杂的刺激。

4. 诱因理论

驱力理论尽管能解释一些来自个体内在的动机,但它却忽略了外在环境在引起行为上的作用,针对驱力理论的不足,人们便提出了动机的诱因理论。诱因理论认为,诱因也是激发个人行为的重要因素。所谓诱因是指能满足个体需要的外部刺激,它具有刺激个体朝向目标的作用。例如,单位的返聘邀请激发老年人成就的需要。诱因可以是物质的,如美食、时装;也可以是复杂的事件和情境,如追求权力和地位等。诱因有积极和消极之分,积极诱因指有吸引力的刺激物,如老年人养花种草可以陶冶情操,充实生活;消极诱因指个体回避的刺激物,如老年人孤独、抑郁、沉闷等。

诱因与驱力是分不开的,诱因是由外部目标所刺激,只有把诱因转变成个体的内在需要,才能推动个体的行为,并具有持久的动力。诱因理论的提出者是赫尔的学生斯彭斯,赫尔接受了诱因这一变量,把诱因作为行为的决定因素之一,并修改了自己的公式,增加了诱因动机(K):$P = D \times H \times K$。

5. 认知理论

现代认知理论认为,个体对来自外界的信息经过编码、存储、提取和输出等加工,在头脑中形成各种不同观念。这些观念在刺激和行为之间发挥着中介的作用,人们的认知既能引起一定的行为,又能改变行为,从这个角度出发,认知具有动机的功能。因此,动机的认知理论已成为一种人们重视的动机理论。

动机的期待价值理论是早期的一种动机认知理论,这种理论将达到目标的期待作为行为的决定因素。托尔曼(Tolman E. C.)在动物实验的基础上,提出行为的产生是由于对某个目标的期待,行为的动机是得到某种动机,或企图躲避某些讨厌的事物。

二十世纪八十年代,德韦克(Dweck C. S.)等人提出了成就目标理论。该理论认为,不同个体对自己的能力有不同的看法,这种对能力的潜在认识会直接影响到个体对成就目标的选择。李孝明等人对于老年人成就动机的研究发现,老年人面对成就目标时,其成就动机也较低,渴望成功的欲望有所下降,而避免失败的动机却相应地增加,因此老年人在社会实践中尽量去做自己力所能及的事情,会选择回避困难的任务。

6. 需求层次理论

马斯洛(Maslow A. H.)对于人类行为动机的研究比较著名,他认为人类的动机可以分为五个层次,它们构成了一个有相对优势关系的等级体系,一种需要满足之后,另一种需要就会产生,因此,个体总是处于不断的追求之中,形成从低到高五个等级(如图6-1所示)。他认为这五种需要是人的最基本的需要,它们是与生俱来的,是激励和指引个体行为的力量。需要的层次越低,它的力量越大。只有当低级需要得到满足或部分得到满足时高级需要才可能出现,其中,处于金字塔顶端的自我实现的需要是人类所特有的。这就是著名的"马斯洛需求层次理论"。

图6-1 马斯洛的需求层次理论

（1）生理需求。这是人类维持自身生存的最基本要求，包括饥、渴、衣、住、性等方面的要求。如果这些需求得不到满足，人类生存就成了问题。从这个意义上说，生理需求是推动人们行动的最强大的动力。马斯洛认为，只有这些最基本的需求满足到维持生存所必需的程度后，其他的需求才能成为新的激励因素。

（2）安全需求。安全包括生理上的安全和心理上的安全，主要表现为个体要求稳定、安全、受保护、免受恐惧和焦虑等。马斯洛认为，整个有机体是一个追求安全的机制，甚至可以把科学和人生观都看成是满足安全需求的一部分。

（3）归属和爱的需求。归属和爱的需求指一个人要求与他人建立感情的联系或关系，包括友爱的需要（和他人保持关系融洽或保持友谊和忠诚的情感需要）和归属的需要（觉得自己归属一个群体的情感需要）。

（4）尊重的需求。尊重的需求包括自尊和希望得到他人的尊重的需要。自尊是指一个人希望在各种不同情境中有实力、能胜任、充满信心、能独立自主。受到他人的尊重是指希望在别人眼中自己是值得信赖，并可以获得高度评价。马斯洛认为，尊重需求得到满足，能使人对自己充满信心，对社会满腔热情，体验到自己活着的用处和价值。

（5）自我实现的需求。这是最高层次的需求，指实现个人理想、抱负，发挥个人的能力到最大程度，完成与自己的能力相称的一切事情的需要。也就是说，人必须做发挥潜能的事情，这样才会使他们感到最大的快乐。马斯洛提出，为满足自我实现需求所采取的途径是因人而异的。自我实现的需求是在努力实现自己的潜力，使自己越来越成为自己所期望的人物。

对于处于老年期的个体而言，各种层次的需求又有其独特的内涵。老年人的安全需求主要表现为对生活保障与安宁的要求，他们普遍对养老保障、患病就医、社会治安以及合法权益受侵犯等问题表示极大的关注。另外，老年人希望从家庭和社会获得更多精神上的关怀，并且仍有很强的参与社会活动、融入各种团体的要求，以满足其爱与归属的要求。尽管老年人的社会角色与社会地位有所改变，但他们对于尊重的需求并未减退，要求社会能承认他们的价值，维护他们的尊严，尊重他们的人格，在家庭生活中也要具有一定的自主权，过自信、自主、自立的养老生活。为使自己的价值在生活中得到充分体现，老年期还有一定程度的自我实现的需求。

四、意志概述

1. 意志的概念

意志是有意识地支配、调节行为，通过克服困难，以实现预定目标的心理过程。意志具有引发行为的动机作用，比一般动机更具有选择性和坚持性，意志可以看成是人类特有的高层次动机。意志通常表现为果断、信心、自觉、自我克制等心理过程，是个体自觉能动性的典型体现。

意志的产生以需要和欲望为前提。个体的各种需要和欲望刺激着人的主观世界，要求主体确定相关目标、方案，采取行动，坚决执行计划，直至实现理想，需要和欲望被满足。意志过程是一个不断克服困难,长期探索和实践的过程。不同年龄阶段的个体所面对的社会要求和挑战不同,他们的目标和理想也有所差异。处在暮年阶段的老年人的需求和理想会以一种老年人的形式,通过老年个体的意志,不断地努力和探索。

2. 意志的功能

意志是个体为了满足自身的需要和欲望而自觉地确定目标,并为达到这一目标而积极努力的一种非理性的精神过程。意志对个体的实践活动具有以下功能:

第一,意志是主体实践活动的一个基本的和内在的因素,对主体的对象化活动起着支配和调控功能。意志以坚强、坚定的品质支配和调控活动主体的信念和意志,使活动主体在求知的过程中坚持不懈,持之以恒。在社会活动中,坚韧的意志力不仅能促进着人们以积极的态度去反映和认识客观对象,还能使主体按照对象世界的客观规律去进行各种对象化活动。需要指出的是,只有能动的、积极的正性意志才能推动活动主体的实践活动。

第二,意志是个体实践活动开展的推动力量。意志对于人的实践活动具有重要的调控功能,积极的意志对人的实践活动有正向的指引作用,消极的意志对人的实践活动则起着负面的干扰。

第三,意志对个体活动的过程和状态发挥调节和控制功能。意志对活动主体内部不同强度和品格的情感要素进行整合和筛选,以形成稳定持续的内部精神力量,保证活动开展的稳定性。通过意志调节有助于活动主体排除内外困扰,有效遏制负面情感、情绪的产生,为主体活动的持续开展提供一种良好的心理环境。在活动过程中,只有在主体意志的自我监控之下,思维模式才能积极地发挥它的作用,人的实践活动及活动过程才能处于一种良好的状态当中。

第四,意志对活动主体选择活动对象和工具有评价作用。活动主体进行活动时往往会面临多种活动对象和工具,一方面,意志可以从个体的多种需求中选择最迫切和最基本的某种需要,明确唯一活动对象;另一方面,意志根据自我评价去选择与自身能力相应的对象。在选择活动工具时,意志可以打破个体的固有情感定势,唤起新型思维,选择新技能、新工具。

上述关于意志对个体的实践活动的作用具有一般意义,无论是对青年人还是老年人同样适用。老年人可以通过自我学习和自我调节,促使其正性意志得到充分的发挥,在意志功能的帮助下,不断地完善自我,实现老年需求和理想。

3. 意志的品质

个体的意志力的强弱是不同的,构成个体意志的某些比较稳定的方面,便是意志的品质。意志的品质具有两级性,有优良和不良之分。优良的意志品质主要包括:独立性、果断性、坚定性和自制力。

(1) 独立性。独立性主要是指个体不屈服于周围人们的压力,不随波逐流,能根据自己的认识和信念,独立地采取决定,执行决定。独立性不同于武断和受暗示性。

(2) 果断性。果断性主要表现为有能力及时采取有充分根据的决定,并能在深思熟虑的基础上去实现这些决定。具有果断性的个体,做事快、准、效率高。与果断性相对立的是优柔寡断,果断性也不等同于草率。

(3) 坚定性。坚定性又称顽强性,主要表现为长时间坚信自己决定的合理性,并坚持不懈地为执行决定而努力。坚定性不同于执拗,坚定性的个体敢于正视现实,并能在困难、压力和诱惑面前坚持而不退缩。

(4) 自制力。自制力是指个体善于掌握和支配自己行动的能力,它贯穿于意志行动的全过程。受意志支配的意志行动可以分为两个阶段:在决策阶段,自制力主要帮助个体进行周密的思考,做出合理的决定;在决策执行阶段,自制力表现为克服各种干扰,将决定执行到底。另外,自制力对个体的情绪也有一定的调节作用。与自制力相反的意志品质是任性和胆怯。

第二节 老年人的主要动机

想要真正了解一个人的行为,必须从了解其背后的动机开始。那么对处于人生最后阶段的老年人而言,随着生理机能的衰退,社会活动的受限,他们的行为背后究竟有着怎样不同于年轻人的心理状态?他们又受到哪些动机的影响?本节将详细阐述。

一、生理性动机

对人类生理性动机的研究主要集中在饥渴、性、睡眠和母性动机方面。随着年龄的增长,人们的生理性动机受社会生活的影响越来越深。虽然各个阶段的人们都有饥渴和睡眠的生理性动机,但是随着年龄的增长,人的饥渴和睡眠的动机被打上的社会烙印会更加明显。处于年轻阶段的个体饮食和睡眠更多的是受体内的心理因素影响,而人到老年阶段的饮食和睡眠关注更多的是保持身体健康。

1. 饥渴

在生理学中饥饿是由体内缺乏食物或营养引起的一种生理不平衡,它表现为一定程度的紧张不安,甚至是饥饿的折磨和苦楚,从而形成个体内在的紧张压力,并使个体产生求食的活动。有学者研究发现饥饿可能与胃壁的收缩、血液中的某种化学成分或中枢神经系统的某些部位的功能有关。与饥饿的生理动机相比,渴具有更强的驱动力,它是由体内水分不足而引起的一种生理不平衡状态,研究表明,渴与中枢神经系统及血液的某种化学变化有关。由于人们在不同的年龄阶段,身体各个方面的机能是不同的,因此受不同年龄阶段生理因素的影响,人们在饮食动机上存在年龄差异。

进入老年后,老年人味觉、食欲和消化功能差,老年人的生理代谢机能降低,细胞功能降低。随着年龄的增长,体内水分减少,骨质改变(骨密度降低)等,器官功能也会发生不同程度的下降(如心、脑、肺、肝、肾及肠胃等),某些器官的细胞数减少,心率减慢,血管逐渐硬化,口腔疾患(如牙齿松动、脱落、舌炎等)。老年人生理特点要求老年人具有相应的饮食动机,进而促进老年人健康长寿。

2. 睡眠

由于个体疲劳产生睡眠需要而引起的动机称为睡眠动机或睡眠驱力,它使个体由活动状态趋于休息状态,这和其他动机总是推动个体趋于活动是不同的。睡眠是人的基本需要之一,它的产生可能与人的神经系统有关。每个人都有睡眠的需要,如果个体的睡眠被剥夺,那么只需要几天时间,人就不能承受,以至于出现精神错乱,可见睡眠对个体而言是必不可少的。

尽管随着年龄的增长,老年人的睡眠质量呈现下降的趋势,但是老年人对睡眠的需求动机并没有因此而减少,只是睡眠的生理节律发生了变化,睡眠能力降低了。人人都希望拥有健康的睡眠,所谓健康的睡眠,是指完全解除身心疲劳并能使身心恢复到次日所需能量的睡眠。尽管老年人的健康睡眠的需求动机没有降低,但是老年人相对青年人而言,由于身体生理、病理等原因睡眠质量有所下降,老年人的睡眠动机与睡眠行为之间存在一定的脱节。刘会玲等人对老年人睡眠状况进行的综述研究显示:老年人的睡眠时间缩短,夜间容易受内外因素的干扰,睡眠变得断断续续;浅睡眠比例增多,而深睡眠比例随着年龄的增长越来越小;老年人随着年龄的增长,上床时间提早、入睡时间延长,睡眠趋向早睡早起;老年人对睡眠—觉醒各阶段转变的耐受力较差。

3. 性

性动机可以表现为性欲,性欲是人类思想感情的主要部分,性生活能使夫妻双方保持身心健康、心情舒畅,但是不同年龄阶段的性欲是不同的。提到老年人的性欲,因为受传统观念的束缚,往往被家庭和社会所忽视。实际上,张跃萍关于老年人性保健的文章,已经总结概括出性欲和性行为对老年人的积极作用:老年人的性欲要求和性行为的表达都是一种生理和心理需要,不仅没有害处,相反,适当的性生活有助于发挥老年人各个器官和系统的潜在功能,对健康状况产生良好影响,增强整个生命活力,使人焕发朝气;还对克服老年抑郁症,防止脑老化,预防前列腺肥大等都起到积极的作用。但是,毕竟老年人与年轻人、中年人不同,无论在性心理和性生理上,或是性行为的表达和性满足上,都有老年人自己的特点。认识这些特点,将有助于老年人做好充分的思想准备,消除焦虑,帮助他们在晚年拥有美满的性生活,同时,也增进了家庭和社会对老年人的理解,给予必要的关心和帮助。

受社会文化环境的影响,作为老年群体,他们正常的性需要经常受到压抑,影响到老年人的身心健康,如有些人会对生活失去信心,易于出现老年抑郁症,导致机体衰老,加速脑老化。已有研究表明,尽管老年人的性欲和性行为较年轻人和中年人有所降低,但是,许多老年人仍然需要性生活。传统的观念认为人老了,性欲和性行为就应该停止。已研究表明老年人仍然有性欲和性需求,尤其是老年男性更强烈。因此,应该认识到老年人有性欲、性生活,这是正常的生理和心理需要。需要指出的是,虽然老年人在老年阶段存在性行为活动,但是老年夫妻的性乐趣较少依赖于强烈的性高潮,更多地来自拥抱、接吻、抚摸等接触性活动来满足性欲从而达到心理上的欢乐和生理上的满足。

老年人的性动机受社会因素影响的程度较深,因此,老年夫妻关系更多的是关注陪伴关系,可以概括为我们中国人常说的"少来夫妻老来伴",他们会花很多的时间在一起,相互陪伴对方,感情交流需要是老年人生活的精神支柱。老年人很害怕孤独,需要配偶;害怕寂寞,需要倾诉;也害怕冷落,需要爱与被爱。这种感情上的需要,不是子女或保姆或护士所能替代的。老年夫妻的双方互相依恋,在生活中有更多的情趣和寄托,有利于他们健康长寿。

二、社会性动机

在社会生活中,对个体行为影响较大的动机主要有兴趣与爱好、成就动机、权力动机、交往动机等,下面我们将着重讨论上述四种社会性动机。

1. 兴趣与爱好

兴趣是个体探索某种事物或从事某种活动的心理倾向,它以认识或探索外界的需要为基础,它是推动人们去认识事物、探究真理的重要动机。当兴趣不是指向某种事物,而是指向某种活动时,这时的动机称为爱好。兴趣与爱好往往跟个体的积极情绪体验相联系,当人们从事感兴趣的事情时,他们往往能够体验到快乐和满足等积极情绪。人的兴趣相对于其他社会动机而言出现得较早,从婴儿阶段个体对周围环境的好奇,到儿童阶段个体对各种玩具和游戏的探索,以至于后来在社会环境影响下,各种兴趣的巩固和变化,以及新的兴趣与爱好的产生等。尽管各个年龄阶段都存在着各种各样的兴趣与爱好,但是个体的兴趣与爱好具有年龄特征。

兴趣与爱好往往与积极的情绪体验相联系,老年人兴趣与爱好心理也不例外。国内相关研究表明:爱好心理对退休老年人的身心健康有明显好处,因此,关注老年人的兴趣与爱好心理,引导和帮助老年人兴趣与爱好心理的实现,有利于推动积极老龄化的顺利实现。参考国内外关于老年人爱好心理的研究情况,总结出老年人的爱好主要可以分为以下五种类型:第一,阅读型,主要指一些与阅读和思维活动关系较为密切,能够获得新知识的爱好,如看书、看报或阅读杂志等;第二,锻炼型,主要指一些以肌肉活动为主的爱好,如老年舞蹈、太极或老年操等;第三,生产型,主要指一些能产生意识活动产物的兴趣爱好,如手工、裁缝等;第四,视听型,主要指一些与视觉、听觉的感知活动相关的兴趣爱好,如看电视、听收音机等;第五,娱乐型,指上述四种类型以外的其他爱好,如种花、下象棋。在年轻人看来,老年人最大的愿望是健康长寿,因此,年轻人会想当然地认为,老年人的兴趣爱好是以锻炼型居多,但是已有调查研究显示,老年人更需要精神生活的满足,因此阅读型爱好在老年人兴趣爱好类型中比例最高,娱乐型爱好所占比例次之,锻炼型和视听型处于中间位置,生产型爱好所占比例最低。对老年人兴趣爱好的调查研究表明,我们可以在日常生活中更好地帮助老年人实现他们的兴趣爱好,改善老年人的身心健康,使他们欢度晚年。

2. 成就动机

成就动机是个体希望从事对他有重要意义,并且有一定难度和具有挑战性的活动,在活动中能够取得较好的成就、达到既定目标而积极努力的动机。成就动机对个体的活动有重要的意义，研究表明，智力相当的两个人，成就动机高的较成就动机低的个体在活动中成功的可能性要大；成就动机的高低对人们选择职业是有影响的，成就动机高的人，会选择富有创造性、竞争性和风险高的职业，而成就动机低的人则选择独立决策少，且风险低的职业。另外，成就动机与人们的生活环境息息相关。

李孝明等人对老年人竞争性态度与成就动机的相关研究发现：与年轻人相比，离退休老年人竞争性较低，可能与他们离开工作岗位、远离社会竞争有关，也暗示着老年人的生活目标开始有所调整；同样与年轻人相比，老年人的成就动机也较低，渴望成功的欲望有所下降，但需要注意的是老年人避免失败的动机却相应地增加，老年人在社会实践中尽量选择去做自己力所能及的事情，而回避困难的任务。可见，人到老年大都希望过稳定的生活，通过趋利避害的方式进行自我保护。另外，索宁的调查研究发现，老年人在退休以后继续参加劳动的主要动机，除了经济方面的动机，热爱自己的职业、对劳动活动本身有需求、希望成为一名有用的社会成员的自我实现的成就动机，也是推动老年人退休后继续劳动的主要刺激因素。

3. 权力动机

权力动机是指个体要在某些方面取得一定的支配地位的需要，是一种内在驱力，表现为对他人以及周围环境的支配和影响。受权力动机的影响，个体往往愿意积极参与集体活动，并期望成为集体的领导者。权力动机高的个体，对事业往往表现出浓厚的兴趣，在日常生活中也表现得比较健谈和好争论。

个体的成就动机往往可以推动个体去争取一定的社会地位，希望在集体拥有权力，得到一定的尊重，从这个方面出发，个体的成就动机与权力动机有着密切的关系，成就和权力动机高的个体往往更容易获得成功。朱正威等人对我国退休老年人返聘的研究总结发现，在返聘人员中，高知识技术的老年人才较容易被返聘，而且这些老年人往往是单位的成功人士（领导或者骨干），拥有严谨的工作态度和工作使命感，从侧面可以反映出这些老年人的成就动机和权力动机较高。

4. 交往动机

交往动机是指个体要在与他人交往、与他人在一起的需要的基础上发展成的动机，交往动机是一种重要的社会性动机。在交往动机的驱使下，个体希望归属某个团体，愿意与人来往，希望得到他人的关心、支持、赞赏或爱护。

从工作岗位上退下来和不再从事农业劳动的老年人，处在人生的重要转折点，这个转折点是老年期开始的重要标志。处在这个阶段的老年人经常会出现诸如孤独、抑郁和退休不适等心理问题，原因可能是老年人从交往范围广、活动频繁的动态角色向交往圈狭窄、活动频率低的静态角色转化不良，老年人的社会性交往动机无法得到满足。因此，主动关心和慰问不再工作和劳作的老年人，帮助他们拓宽生活的交往圈，满足他们的交往需要，对于老年人孤独、抑郁和退休不适等心理问题的解决是至关重要的。

三、我国老年人主要动机

对我国老年动机的实证调查研究总结发现,老年动机主要集中在体育锻炼动机和休闲娱乐动机(以旅游动机为代表),下面将对上述动机进行简要介绍。

1. 体育锻炼动机

体育锻炼动机的研究在老年动机研究中占较大比例,目前我国有关老年体育锻炼动机的研究大都以调查研究为主,也有对实证调查研究的综述介绍,相对于其他老年动机的研究,老年体育锻炼动机研究相对比较成熟。随着老龄化时代的到来,社会各界对老年人关注度的提高,老年体育锻炼动机的研究有进一步深化的可能性和必要性。

健康是人类的普遍需要,老年人的健康需求尤为强烈。然而,健康不仅受个体身体素质的影响,也与后天的生活方式有着密切的联系,健康包括身体健康和心理健康。体育活动作为人类重要的活动方式,以它特有的魅力和功能成为个体健身、娱心的重要手段,也正在受到老年人的广泛重视。从生理角度而言,随着年龄的增长,日渐衰退的生理机能和身体疾病已成为老年人晚年幸福生活的最大障碍。老年人生活水平的提高与身体机能的衰老之间的矛盾,要求老年人迫切需要一种积极有效的方法来缓和二者之间的矛盾,而体育锻炼的功能恰好能够满足老年人这个方面需求。从社会心理角度而言,体育锻炼往往是团体性活动,参加团体活动可以使老年人体会到归属感、促进交往的实现。在体育锻炼中增加了情感交流,调节和消除了各种不良情绪,这对于解决退休适应问题具有积极效应。

对我国老年人参加体育锻炼的动机研究进行总结分析发现,我国老年人体育锻炼动机呈现多元化的趋势,不仅有生理需要的驱动,还有心理和社会因素的影响;不仅有外在的动机和内在动机,还有直接动机和间接动机。与老年人的不同需要相联系,老年人体育锻炼的动机主要包括:

第一,保持和增强身体健康,抵抗和治疗身体疾病。运动人体科学研究表明,个体在衰老过程中生理机能衰退与老年人群中缺乏体育活动而出现的机能水平下降方向相同;经常参加体育锻炼能强健体魄,延缓感知觉功能的衰退和保持较高的智力水平,增强老年人的自立意识和自理能力,求得健康长寿。在西方很多国家,体育锻炼已作为治疗心理疾病的重要手段被广泛应用。魏高峡对西安市老年人参加锻炼的动机调查显示:被调查的老年人中有73.9%的人认为参加体育锻炼是为了维持身体的健康,在所有的动机中比例最高,另外有39.8%的老年人表示可以通过体育锻炼这种方式来治疗疾病;夏昌华对湖北荆州市中老年人体育锻炼意识的问卷调查结果显示:65%的中老年人参加体育锻炼的目的是健身强体。

第二,社会交往。退休是人生的一个重大转折,我国每年都有大量的老年人从工作岗位上退下来,许多老年人在退休后会出现退休不适的心理问题,他们易产生孤独和烦闷感,而体育锻炼活动可以把他们重新组织到团体中,为他们提供情感和思想交流的条件,进而促使他们产生归属感和充实感,满足老年人社会交往的需求。其中,魏高峡的调查研究显示,通过体育锻炼活动来实现社会交往需要的老年人占总数的41.6%。

第三,满足个人兴趣爱好和成就感。体育活动因其丰富的内容和多样的形式而深受老年人的喜爱,老年人参与自己感兴趣和喜爱的体育活动表示心情愉悦、自由自在,研究发现体育活动可以有效地调节情绪。退休老年人虽然身体开始衰弱,但是他们中有很多人仍愿意继续工作和劳动,而参加体育锻炼可以使他们有事可做,完成体育任务可以证明他们的自我价值,提高老年人的自尊和自信心。

2. 休闲娱乐动机

休闲娱乐时代的到来,使得个体意识到休闲活动在人们日常生活中的重要作用。老龄化时代的来临,意味着养老问题需要社会的介入,特别是对富有闲暇时间的老年人的休闲问题,已经成为我国实现积极老龄化过程中亟须解决的问题。国内对于休闲动机的研究主要集中在对具体的休闲娱乐动机的研究,其中对老年旅游动机的研究较多,且研究学科分布较广,而对于其他休闲娱乐动机的研究相对较少。

老年人自由运用的时间比较多,如能合理地安排、选择对个人身体、情绪和社会具有积极正面效益的休闲活动,这不仅仅能解决老年人长时间的孤独感,而且还能减轻家人的负担。对于休闲娱乐动机的研究总结发现,老年人休闲动机可分为生理性动机和社会性动机、内在动机和外在动机等。其中,老年人休闲娱乐的生理性动机主要是为了身体健康。休闲的社会性动机比较丰富,不仅包括避免孤独、寻找归宿、增强感情等的交往动机,还包括希望得到社会认可、实现自我价值的成就动机等。梁修等人对农村老年人运动休闲的内在动机进行了研究,结果表明:农村老年人参与最强的内在动机主要有保持身体健康、身心愉悦、个人兴趣、获得成就感。齐莉莉对芜湖城市老年人休闲动机的研究发现:不同性别和年龄的老年人在休闲动机上存在差异,女性老年人的休闲活动与家庭联系较多,而男性老年人则更多地去参加社会休闲活动。另外随着年龄的增长,老年人的休闲动机是呈现下降趋势,可能与年纪越大身体状态越弱有关。下面具体阐述旅游动机。

世界旅游组织指出,旅游是为了休闲、商务或其他目的离开他/她们惯常环境,到某些地方并停留在那里,但连续不超过一年的活动。经济社会的发展提升了人们的生活水平和收入水平,城市中有稳定收入且没有负担的老年人比例越来越大。老年人文化素质和身体素质的普遍提高,以及许多老年人闲暇时间的不断增多,老年人传统观念的积极转变等,使得城市老年人正从退休后深居简出的传统生活中走出来,走向大自然,走向各个旅游景区,去健身、休闲、疗养、怀古等。旅游可以帮助老年人迅速适应从"生产者"到"休闲者"的角色转变。总之,旅游在老年人的生活中占据着越来越重要的地位。其中团队旅游因其具有方便、舒适、相对安全、价格便宜等优点,深得老年人青睐,经济条件有保障的老年人往往会选择团体旅游来充实自己的休闲时间。

旅游动机是旅行行为产生的心理原动力,是由旅游需要催发的,促使个体从事一定的旅游活动的内部驱力。老年人由于具备充足的闲暇时间和较高的可支配收入,老年群体的旅游需求不断提升。因此,对老年旅游动机的实证研究,具有一定的理论和现实意义。并且,旅游动机的研究在国内休闲娱乐动机研究中占主要地位。旅游动机是旅游活动的内在心理因素,对老年人旅游动机的研究与分析,有助于我们深入了解老年人的旅游行为,从而为开发满足老年人旅游需求的旅游产品提供理论和实证保证。

对我国老年人旅游动机研究进行总结分析发现,我国老年人旅游动机具有年龄特征,呈现多元化趋势,不仅有生理需要的驱动,还有心理和社会因素的影响。与老年人的不同需要相联系,老年人旅游的动机主要包括:

第一,休闲放松、养生健体的动机。老年群体相对于其他年龄阶段的群体,其最大的特点是他们拥有充足的闲暇时间。闲暇时间的增多推动休闲需求的增加,外出旅游休闲散心恰好能够迎合老年人的休闲需求。老年人身体会随着年龄的增大而变差,在旅游的过程中老年人接触风光优美、气候适宜的旅游地方,身心得到了愉悦,有利于身心健康。曹会娟对秦皇岛老年人旅游动机的研究显示:休闲放松使身心得以休息放松的动机,在全体旅游动机方差解释的比例最高且具有很高的一致性。付业勤对三亚老年旅游者动机的调查研究指出:"休闲放松"是推动老年人前往三亚旅游的最主要动机。

第二,社会交往动机。情感在老年的生活中占有重要地位,人到老年,对物质的追求已经趋于平常,只要吃饱穿暖、没病没灾已经是极大的满足。老年人害怕寂寞,怕被社会及家人淡忘,开始变得失落、孤独、疑惑、抑郁和恐惧,在这种情况下,对感情的追求变得十分突出。老年人可通过探亲访友、跟团等方式旅游,不仅可以满足老年人怀旧需要,而且可以帮助老年人缓解老年孤独、抑郁等不良情绪。魏来对老年人旅游动机的相关研究表明:有48.8%的被访老年人对交际动机抱有十分赞同的态度。

第三,弥补遗憾、满足兴趣爱好、宗教信仰等个人事务动机。首先,由于年轻时学习工作以及家庭的因素,很多老年人没有更多的时间与金钱用在旅游活动上,为了弥补年轻时没有出游的遗憾,也为了对年轻时努力工作的补偿,他们对旅游活动有着十分强烈的需求。其次,有相当一部分老年人有自己的个人爱好和兴趣,像一些老科技工作者、老文艺工作者老教授,从岗位上退下来的他们有一定的经济收入和时间去祖国各地实践自己的兴趣爱好。最后,很多老年人有独特的人生经历,会对宗教呈现出极大的热情。据有关专家研究,年龄与人们的宗教热情之间有着正相关的关系,即年龄越大,对宗教的热情就越大。因此,宗教信仰也成为老年人旅游动机之一。魏来的研究显示,有27.3%的被访老年游客十分认同宗教信仰动机。

第三节 动机与意志的发展规律及应对策略

老年人年轻时为社会做出了贡献,为子女做出了牺牲,年老体衰的他们开始退休或者不再从事繁重的农活,如何让辛苦一生的他们安享晚年,如何帮助老年人实现他们的生理和社会心理需求。本节将详细阐述老年人动机的特点和规律,找出老年人动机与意志发展的影响因素,提出相应的满足老年人需求的建议。

一、老年人动机与意志发展特点及规律

1. 老年人动机发展特点和规律

（1）老年人动机发展特点。动机是在需求的基础上产生的,处于老年阶段的老年人的心理需求具有明显的年龄特征,老年人的动机也具有相应的年龄特征,主要体现在下面几个方面：

第一,老年人动机具有整体性,老年人的生理动机与心理动机相辅相成。无论是满足自身身体健康的需要还是社会交往的需要,老年人动机往往是有机的整体,某一动机的形成是各个需要有机促成的。老年人处于暮年阶段,身体和社会地位都发生了一定的变化,他们会通过休闲娱乐活动来满足延年益寿的生理动机,同时这些休闲娱乐活动也能满足老年人社会交往以及成就动机。

第二,老年人动机是复杂多样的。由于个人的行为与动机之间不是一一对应的,一方面,同样的行为可能有不同的动机,有些人参加体育运动是为了延年益寿,有些人参加体育活动可能是为了社会交往。另一方面,同样的动机可以通过不同的行为表现出来,如同样是为了满足社会交往,有些老年人通过体育活动,有些老年人则学习上网,通过多媒体来增加自己的社会交往。

第三,老年人动机是具有此年龄阶段普遍性与特殊性的结合。此年龄阶段的老年人的动机普遍相同,如延年益寿、社会交往、满足兴趣爱好等,具有普遍性；但是实现这些动机在不同的老年人身上表现是不同的,有的可能更加注重社会交往等社会性动机,有的可能更加注重身体健康等生理性动机。

第四,老年人动机存在性别和年龄差异。我国的性别文化要求"男主外,女主内",在这种性别文化驱使下,不同性别老年人在一些动机强度上有强弱之分,在动机方向上有家庭内外之分。女性老年人的动机活动与家庭联系较多,而男性老年人则更多的是去参加外部社会活动。另外,随着年龄的增长,老年人的动机是呈现下降趋势,可能与年纪越大身体状态越弱有关。

（2）老年人动机发展的规律。动机是人类一切行为的动力源泉,是直接推动一个人进行行为活动的内部动力。动机源于人们的各种需要,当人们有了某种需要之后,就会有满足这一需要的动机。老年期主要是获得完善感、避免失望和厌倦感、体现智慧的阶段,此阶段的老年人动机主要是指向内部。此阶段的老年人关注自己的内部世界,完善自我,追求自我发展的动机,这种动机的实现主要通过非工作情景来实现。由于身体状况处于下降状态,老年人的生理性动机更加关注身体健康、预防疾病以及延年益寿。

2. 老年人意志发展特点和规律

老年人意志发展特点和规律,主要是指老年人意志品质发展的特点和规律,不仅包括良好的意志品质,如独立性、果断性、坚定性、自制力,也有不良的意志品质,如优柔寡断、执拗等。老年人意志品质发展的主要特点为：

良好的意志品质更加强烈,由于老年人在漫长的人生中形成了比较稳定的性格,以及丰富的人生经历,使得老年人变得坚韧、果断、独立、自制力强;意志品质两级性更加明显,由于身体、经济以及家庭状况的影响,积极乐观的老年人意志发展更加良好,反之,受贫困、疾病和孤独等消极因素的影响,一些老年人意志可能变得更加消极。上述品质的两级性在老年人身上表现得十分明显,例如,之前坚定性较强的老年人会变得比以前更加顽强,而坚定性不足的老年人会变得更加优柔寡断。

二、老年人动机与意志发展的影响因素

老年人的动机和意志呈现上述特点和规律,是由一系列复杂的主客观因素影响的结果,下面将分别分析老年人动机和意志发展的影响因素。

1. 动机发展的影响因素

(1) 生理因素。个体随着年龄的自然增长,机体的生理机能和形态方面出现一系列的退行性变化。进入老年阶段,老年人对内外环境适应能力减弱,免疫功能降低,个体的味觉、食欲和消化功能差,生理代谢机能降低,睡眠质量下降。因此,多种生理上的衰老和变化,使得老年人的动机呈现出复杂、多样的整体性。根据具体的身体机能的变化,相应的生理动机呈现出老年人的年龄特征,关注身体健康、预防疾病以及延年益寿便成为老年人的主要生理性动机。

(2) 社会心理因素。老年人进入老年阶段时,有的从退休岗位上退下来,有的不再从事繁重的农业活动,因此,他们拥有了大量的空闲时间,使得他们更加关注内部世界,完善自我。但是,没有具体的工作事业来实现自我价值,这个阶段的老年人往往会出现退休不适等心理问题,需要通过非工作情景来实现自我价值,因此,便形成了具有年龄特征的老年人社会性动机。

2. 意志发展的影响因素

(1) 主观因素,即个人阅历。在意志行动中,总会遇到挫折。由于老年人在漫长的人生中遇到很多挫折,使得老年人在应对挫折情境时,形成了稳定的意志品质。

(2) 客观因素,如身体衰弱、经济贫困等。由于身体、经济以及家庭状况的影响,拥有稳定且良好意志品质的老年人在面对贫困、疾病和孤独等负面影响时,会通过良好的意志心态战胜困难和挫折,进而使得良好的意志品质更加深刻。反之,受上述消极因素的影响,一些意志薄弱的老年人在挫折面前选择退缩,意志可能变得更加消极。最终,受主观和客观因素的影响,意志品质的两级性在老年人身上表现得十分明显。

三、应对策略与措施

1. 针对老年人生理和社会特点,选择相应方式满足其生理性和社会性动机

(1) 生理性动机。在饥渴方面,由于老年人味觉、食欲和消化功能差,对于老年人的饮食方面的需求,应该有节制、有规律、有营养,且食物的加工和烹饪应软、烂、易咀嚼、易消化,帮助老年人养成良好的饮食习惯;在睡眠方面,为老年人提供安静舒适的睡

眠环境，满足老年人睡眠的需要；在性方面，应该认识到老年人有性欲、性生活，这是正常的生理和心理需要，也是老年人享有性满足的合法权利，家庭和社会应该理解和关心，给予帮助。生理性动机的科学、合理的实践，有利于老年人保持良好的身心健康。

（2）社会性动机。在兴趣与爱好方面，老年人从忙碌的工作中退下来，空闲时间相对工作时大大增多，他们有充足的时间去培养和实现自己的兴趣爱好。由于兴趣与爱好往往与积极的情绪体验相联系，有利于保持身心愉悦，因此，在日常生活中我们应该引导和帮助老年人兴趣与爱好的培养和实现；在成就动机方面，老年人成就动机虽然相对于年轻时期有所下降，但是他们愿意选择与自己能力相应的、力所能及的事情，来实现成就动机。因此，应针对老年人的自身能力和社会需求，为老年人争取可能的返聘机会或者社会志愿活动，充实老年人的晚年生活；在权力和交往动机方面，可以鼓励空闲时间较多的老年人参与社会团体组织，在团体组织中老年人取得相应的地位，得到必要的尊重和认可，权力动机得以实现。同样，积极参加社会活动，与他人进行交往，可以降低孤独感等负性情绪和心理问题，满足交往需求。主动关心和慰问退休老年人，帮助他们拓宽退休生活的交往圈，满足他们的交往需要，对于老年人退休适应心理问题的解决是至关重要的。

2. 针对主要的老年动机，选择合适的方式满足老年人的具体需求

（1）体育锻炼动机。体育锻炼不仅可以帮助老年人保持和增强身体健康，而且能够满足老年人社会交往、兴趣爱好和成就感的需要。因此，帮助老年人实现体育锻炼的需要至关重要。完善体育锻炼组织，充实和发展体育锻炼的队伍，增加体育锻炼的乐趣性；建立各级老龄体育活动组织，充实体育指导队伍，以指导老年体育活动。根据老龄者不同年龄段、经济收入、文化程度和性别，开发符合各类中老年特点的体育项目，使老年体育向多元化方向发展。对不同动机水平的中老年锻炼者给予指导，培养积极的生活态度，使中老年体育向生活化方向发展。

（2）休闲娱乐动机，以旅游动机为例。老年人自由运用的时间比较多，如能合理地安排、选择对个人身体、情绪和社会具有积极正面效益的休闲活动，这不仅仅解决老年人长时间的孤独感，而且还能减轻家人的负担。以旅游动机为例，针对老年人各种旅游目的，采取相应的措施，帮助实现老年人的旅游需求。根据探亲访友的出游动因，可以开发一些校友游、回归团，满足众多老同志、老校友的心愿，这一类型的旅游产品很容易激发他们情感上的共鸣；根据老年人宗教信仰、兴趣爱好的出游动机，结合老年人的身体状况，在行程安排上应注意节律，让老年人有充足的时间去融入自己的宗教信仰，有充足的时间去欣赏、摄影、了解民俗风情等；根据老年人希望长寿的需求，把旅游和健身结合起来，开发康体型的旅游项目，把"疗"与游玩相结合。

3. 其他辅助建议和策略

老年人各方面需求的实现，不仅需要老年人自身的努力实践，而且需要家庭、社会和国家提供一定的物质和精神保障。

在家庭方面，培养子女对老年人照顾和关注的动机，积极宣传"孝"文化、责任感，通过社会舆论的力量让子女实践对父母的责任和义务；在社会方面，积极进行老年社会服务建设，为老年活动提供必要的舆论和活动场所，组织居民关注和帮助空巢老年人，协助老年人形成群体自助的团体，通过自助的方式满足群体需求；在国家方面，完善养老制度以及社会保障制度，在制度上保证老年人"老有所养、老有所依"，为老年人需求的实现提供物质保证，针对老年人生理和社会需求，积极完善体育锻炼场所和设施，对老年旅游业进行规划和指导，为老年人具体动机的实现提供保证。

心理关爱小贴士

首先，从需求角度出发，以老年人生理和社会心理需求为依据，提出相应的措施，选择合适的方式，来满足老年人各方面的需求动机，尤其是心理性需求动机。

其次，从老年人的意志角度出发，一般来说，老年人具有较强的自我控制能力，应发扬和鼓励老年人保持良好的情绪、意志品质，克服日常生活中的困难。

最后，从老年人出现的心理问题角度出发，进入老年初期的老年人容易受孤独、抑郁和退休不适等心理问题的困扰，针对老年人这方面的问题，我们需要进行必要的心理辅导，并鼓励老年人通过自我良好的意志品质，帮助自己解决上述心理问题。

▶ 关键术语 ◀

动机、生理性动机、饥渴、睡眠、性、社会性动机、兴趣与爱好、成就动机、权力动机、交往动机、旅游、意志、意志的品质

▶ 分析思考题 ◀

1. 动机是什么？它的来源、性质和功能有哪些？
2. 动机主要有哪些分类？并简述具体的分类标准和内容。
3. 简述老年人的生理性动机和社会性动机的主要表现。
4. 试述主要的老年动机以及动机表现和影响因素。
5. 什么是意志？意志的功能和品质有哪些？
6. 概述老年人意志发展的规律和特点。
7. 试从老年人动机和意志出发，为积极老龄化的实现提供建议。

第九章
老年人的心理健康

健康不只是没有疾病和虚弱现象，而是一种身体上、心理上和社会上的完满状态。

——世界卫生组织

▶ 学习目标 ◀

1. 了解健康与心理健康的概念，以及两者间的区别和联系。
2. 了解老年心理健康的意义。
3. 掌握老年人主要生活经历对心理健康的影响。
4. 掌握社会及生态环境对老年人心理健康的影响。
5. 掌握老年人心理失调及调适。
6. 掌握老年人心理障碍与治疗。

▶ 开篇案例 ◀

李叔，61周岁，退休刚一年。和同龄人相比，身体状况不错，但李叔却总认为自个儿身体有问题。退休一年来，李叔不爱出门，除了睡觉吃饭，就是坐在电视机前的沙发上，手拿遥控器不断地从一个台翻看到另一个台。老伴让他陪着去菜场买菜，他不愿意；让他出门找老朋友聊天，他也不愿意。在家要么半天不说话，要么就容易发火。半年前，李叔常感到头痛、失眠、肠胃功能失调，他认为自己患上不治之症。老伴和子女陪着他到处求医，他先后去了内科、脑科、神经科、胃肠科看病，做了包括CT、心电图、脑电图在内的各项检查，医生诊断李叔身体很健康，但他始终不相信。在家看健康类的电视节目时，他经常对号入座，甚至认为自己命不久矣。

而人民网2012年刊登了这样一则新闻：《退休医生王卫东13年坚持为居民免费义诊》，讲述了一位72岁的退休医生义务为其所生活的社区义诊的故事。

"今年72岁的王卫东，家住蜀山区井冈镇宁溪家园小区，原是一卫生院的医师。自1999年退休后，他凭借自己所掌握的医疗专业知识，风雨无阻地为小区居民义诊13年，成为小区居民的健康守护者。"

"看到他人在自己的帮助下解决了实际困难，我感到生活中多了一大乐趣，越干越想干！"王卫东给自己立下规矩，"无论何时，只要社区患者需要，我一定赶到。"谈到献爱心,王卫东的脸上满是幸福的笑容。虽然有多年经验,但王卫东发现,要想更好地为居民服务,"吃老本"是不行的,必须要进修。

王卫东老人感觉到:"在为居民服务的同时,我也学到了很多新的知识,收获了幸福和快乐,或许这就是付出肯定会有收获的道理。"

以上两位老人有着完全不同的生活状态,也有着完全不同的健康状况。第一位老人李叔,患有老年人典型的疑病症,是一种常见的心理疾病。患者常常敏感多疑,表现为对身体过分关注,反复就医。无法自我调适的退休生活是造成李叔疑病症的主要原因之一。

而第二位老人王卫东则完全不同,如果用"六个老有"的标准来评价这位老人,可以发现他对老有所学、老有所为、老有所乐的需求高,而正是保持这样的生活状态,王老维持着良好的健康心理。

第一节 健康心理学概述

健康对每一个人都很重要,是生活品质的保障;健康对家庭很重要,是家庭幸福和谐的基础;健康对人类社会同样很重要,是人类社会生存和发展的必要条件。随着我国社会经济的全面发展,人口老龄化速度的加快,老年人口比例和数量增大,人口平均预期寿命提高,人们对健康的渴望越来越迫切。那么,什么是健康,如何提高老年人的生活质量,保障他们的身心健康,是政策制定及执行者、老年问题研究者,以及其他各类老年工作者需要面对的重要课题。

一、健康的含义

1. 健康的概念

在人类社会发展的不同阶段,受科学发展及人类认知的限制,人们对健康的理解深度有较大的差异。人类社会早期,人们将健康解释为"不生病",即生理上的健康状态。而随着科学的发展、人类认知的进步,人们逐步认识到身体健康只是健康的一部分。20世纪以来,尤其是第二次世界大战结束后,随着影响人类健康的各类社会及环境因素发生了重大变化,人们对健康的认知也有了质的飞越。1948年,在世界卫生组织(WHO)正式成立之初,提出了新的健康概念,即健康指在身体上、心理上和社会上的完满状态,而不仅仅指没有疾病和身体上的虚弱现象。

从这一健康新定义中我们不难发现,有别于"身体无病即健康"的传统健康观,现代社会的健康观是强调个体全面即生理—心理—社会的身心健康观。它由三个部分构成:身体的即生理健康只是其中的一个组成部分,健康还包括良好的心理状态和社会适应力。由此得出,疾病不能仅仅看成是生理上的异常,同时也指心理或社会适应力上出现障碍或异常。健康的三个部分是相互影响的,生理健康是心理健康和社会适应力良好的基础和前提,而心理健康是生理健康的动力和保证。

1990年,世界卫生组织对健康的定义进行了补充,即健康指个体的身体健康、心理健康、社会适应良好和道德健康。而新增加的道德健康指具有分辨是非、善恶、美丑、荣辱的能力。个体的全面健康则是这四方面相互依存、相互促进、有机结合的。该组织还指出,健康来自遗传因素只占很小部分,而来自后天的包括医疗条件、个人生活方式等在内占到绝大部分。从中我们可以发现,个体的全面健康是主要有赖于社会经济水平的进步和个人自身的努力。时至今日,世界卫生组织对健康的定义是国际社会最为普遍使用的标准。

2. 健康标准

世界卫生组织明确健康定义之后,提出了健康的十项标准:

① 精力充沛,能从容应对日常生活和工作的压力而不感到过分紧张;② 处事乐观,态度积极,乐于承担责任,事无巨细不挑剔,工作有效率;③ 善于休息,睡眠良好;④ 应变能力强,能适应环境的各种变化;⑤ 能够抵抗一般性感冒和传染病;⑥ 体重相当,身材匀称,站立时头、肩、臂位置协调;⑦ 眼睛明亮,反应敏锐,眼肌轻松,眼睑不发炎;⑧ 牙齿清洁、无空洞、无痛感,牙龈颜色正常、不出血;⑨ 头发有光泽,无头屑;⑩ 肌肉丰满,皮肤有弹性。

这十项标准是对之前健康定义的具体化,良好的健康状态是有着强健的体魄、乐观的心理、保持与社会及环境相协调的状态。WHO将年龄分为以下几个阶段:44岁以前称为青年期,45~59岁称为中年期,60~74岁称为较老年期,75~89岁称为老年期,90岁以上称为长寿者。并指出,健康标准对不同年龄、不同性别的个体有不同的要求。

3. 老年健康标准

1982年,中华医学会老年医学分会提出了有关老年人健康标准的5条建议。历经几次修改,并参照世界卫生组织及其他国家标准,于2013年通过适用于60岁及以上人群的中国健康老年人五大标准:

① 重要脏器的增龄性改变未导致功能异常,无重大疾病,相关高危因素控制在与其年龄相适应的达标范围内,具有一定的抗病能力;② 认知功能基本正常,能适应环境,处事乐观积极,自我满意或自我评价好;③ 能恰当处理家庭和社会人际关系,积极参与家庭和社会活动;④ 日常生活活动正常,生活自理或基本自理;⑤ 营养状况良好,体重适中,保持良好生活方式。

从以上的五大标准中,我们同样可以归纳出老年人健康的标准的三个方面:生理健康、心理健康和社会交往良好。

根据2022年中华人民共和国国家卫生健康委员会颁布的中华人民共和国卫生行业标准《中国健康老年人标准》(WS/T 802—2022,2023.3.1实施),中国健康老年人应满足下述要求:

(1) 生活自理或基本自理;

(2) 重要脏器的增龄性改变未导致明显的功能异常；
(3) 影响健康的危险因素控制在与其年龄相适应的范围内；
(4) 营养状况良好；
(5) 认知功能基本正常；
(6) 乐观积极，自我满意；
(7) 具有一定的健康素养，保持良好生活方式；
(8) 积极参与家庭和社会活动；
(9) 社会适应能力良好。

二、什么是心理健康

1. 心理健康的概念

心理健康，英文为 mental health。在包括世界卫生组织在内的一些国家组织中，也将心理健康翻译为精神卫生，或心理卫生。世界卫生组织将每一年的 10 月 10 日定为世界精神卫生（心理健康）日，旨在提高公众对这一问题的认识。从上一部分对健康的定义我们可以发现，心理健康是现代人健康的重要构成部分。自二十世纪以来，国内外学者对心理健康的研究成果丰富，但是时至今日，学术界一直没有对这一概念进行较为统一的定义。和健康定义同样，当前人们普遍使用的也是世界卫生组织对心理健康的定义。

1946 年第三届国际心理卫生大会提出，心理健康是指，"身体、智力、情绪协调；适应环境，在人际交往中能彼此谦让；有幸福感；在工作和职业中能充分发挥自身的能力，过有效率的生活"。而参照世界卫生组织网站有关资料，心理健康还应包括为提高健康水平，预防和阻止心理异常的发生，以及对心理异常的治疗和康复活动所做出的努力。

在《简明不列颠百科全书》中，将心理健康定义为，"个体心理在本身及环境条件许可范围内所能达到的最佳状态，但不是十全十美的绝对状态"。而美国心理学家杰哈塔（Jahoda M.）提出了"积极的心理健康（亦称积极的精神健康）"（positive mental health），包括六个方面的标准：自我认知的态度，自我成长、发展自我实现的能力，统一、安定的人格，自我调控能力，对现实的感知能力，以及积极地改善环境的能力。我国学者肖汉仕认为，心理健康是指心理的各个方面及活动过程处于一种良好或正常的状态。马晓琴将心理健康理解为能够充分发挥个人的最大潜能，以及妥善处理和适应人和人之间、人和社会环境之间的相互关系。其包含两层含义：无心理疾病；具有一种积极发展的心态。

综合国内外研究者的观点，心理健康是一种心理和社会的良好适应状态，无心理疾病，能够以积极的心态和行动维持个体的心理健康。

2. 心理健康标准

著名的心理学家马斯洛提出的心理健康的十个标准有较广泛的影响力：
① 充分的安全感；② 充分了解自己；③ 生活目标切合实际；④ 与外界环境保持接

触;⑤ 保持个性的完整与和谐;⑥ 具有一定的学习能力;⑦ 保持良好的人际关系;⑧ 情绪能做适度的表达与控制;⑨ 在不妨碍团体利益的前提下,有限度地发挥自己的才能与兴趣爱好;⑩ 在不违背社会道德规范下,个人的基本需要得到一定程度的满足。

我国也有一些学者建立了心理健康标准,是综合国内外学者的心理标准而制定,主要体现在以下几个方面:个性和智力标准、情绪标准、社会交往能力、人际关系、心理控制及康复能力、环境适应力等方面。

3. 老年心理健康标准

进入老年阶段,身体机能的衰退成为不可逆转的趋势。身体各器官和组织细胞出现退行性变化,个体的运动力、视觉、听觉、味觉、嗅觉、记忆力等各方面都有不同程度的退化。不可否认,伴随着老年人生理上的衰退,心理上相应地也会发生着变化。根据世界卫生组织制定的健康标准,不同年龄段间存在一定的差别。然而不同年龄段间的差异并非根本性的,一方面,老年期的心理健康标准既有和其他年龄群的共同之处;另一方面,也需要考虑老年人的身心特点及影响。

结合世界卫生组织及国内外学者的研究,老年人心理健康标准主要体现如下:

(1) 充分的安全感。这里所指的安全是多方面多层次的,包括经济安全、环境安全、人身安全。而环境安全又包括社会环境安全、生态环境安全、家庭环境安全等方面。

(2) 充分了解自己,以积极的心态适应老年生活。这里的充分理解自己指生理状况、自身能力、性格特点,了解长处和不足等。

(3) 与社会保持正常接触,对新事物有一定的适应力和接受力,适度参与社会生活。做到这一点,是老年人预防孤独和寂寞、封闭自我的基本点。

(4) 能够建立和维持良好的社交网络,保持良好的人际关系。建立新的人际关系网络,以及维持已有的社会网络,有助于老年人寻找老年生活新的兴趣点、提高社交能力、建立和保持良好的人际关系,有效参与社会生活。

(5) 与家人相处和睦。这里的家人既指夫妻间,也指代际间的关系。家庭和睦是保持老年人心理健康的重要方面,应正确处理好夫妻、亲子、隔代等方面的家庭关系。

(6) 具有一定的再学习能力,能够在一定程度上发挥自身的能力、发展兴趣爱好。老年人的再学习也是老年人再社会化(继续社会化)的过程,是学习和掌握新的价值观和生活行为模式,更好地适应变化了的社会生活。

(7) 保持个性的完整与和谐,情绪反应适度。避免出现情绪过度紧张、情绪反应强烈、易激动。

三、老年人心理健康的意义

人类社会发展到今天,随着社会经济发展水平的提高,医疗科技的进步,人口平均预期寿命提高快。1949 年新中国成立之初,人口平均预期寿命还不到 40 岁。至 2010 年,根据第六次人口普查数据,我国的平均寿命已超过 74 岁。各类研究发现心理疾病和身体疾病一样是人类健康的杀手。不良的生活方式和行为、消极的情绪,以及社会和环境因素都会影响人们的心理健康。反而言之,积极向上的情绪则有利于保持健康。

1. 老年人心理健康是实现"六个老有"的重要心理保障

中国政府提倡老年人"六个老有",即老有所养、老有所医、老有所教、老有所学、老有所乐、老有所为。应该说,这"六个老有"构成了老年人生理、心理,以及良好社会交往的基础;而实现"六个老有",则达到老年人全面健康的目标。"老有所养"是六个老有中的基础和核心,"老有所医"则满足老年人基本的医疗需要。其中,"老有所学""老有所教"尤其体现了老年人心理健康标准中"具有一定的再学习能力,能够在一定程度上发挥自身的能力、发展兴趣爱好",以及老年人的社会及家庭支持网络对让老年人受到适合年龄教育所提供的帮助,是精神赡养的重要方面。而"老有所乐""老有所为"则体现老年人对人生价值的追求。

2. 老年人心理健康是实现健康、积极老龄化社会的基础

健康老龄化是联合国于1990年为积极应对全球人口老龄化所带来的社会问题所提出的社会目标。健康老龄化的定义包含三层含义:第一层是指个体老年人在生理、心理、智力、社会交往,以及经济等五个方面的功能仍能保持良好状态。第二层是指老年群体的整体健康,也即指一个国家或地区的老年人中若有较大的比例属于健康老龄化,老年人的作用能够充分发挥,老龄化的负面影响得到抑制或缓解,则其老龄化过程或现象就可算是健康的老龄化。第三层则指国家和社会为改善老龄群体的生活和生命质量,实现健康老龄化所做出的各种积极努力。

在1999年国际老人年,世界卫生组织提出了积极老龄化的口号。该组织提出,"积极"不仅仅指身体的活动能力或参与体力劳动的能力,更是指不断参与社会、经济、文化、精神和公民事务的能力。而积极老龄化是指人到老年时,为了提高生活质量,使健康、参与和保障的机会尽可能获得最佳的过程。和健康老龄化相似,积极老龄化既指个体的积极状态,也指群体的积极状态。从积极老龄化的定义中可以发现,积极老龄化是健康老龄化更进一步地对个体老年人和老龄化社会的要求,也是对国家和社会在老龄化问题上更进一步的要求,更体现出"人人共享"的社会愿景。

中国自2000年进入老龄化以来,老龄化速度以及老年人口比例提高快。根据我国2010年第六次全国人口普查资料,我国60岁及以上人口占13.26%,其中65岁及以上人口占8.87%,与2000年第五次全国人口普查相比,60岁及以上人口的比重上升2.93个百分点,65岁及以上人口的比重上升1.91个百分点。而中国社会积极响应联合国及世界其他组织的倡导,大力提倡建立健康、积极的老龄社会。不论是健康老龄化,还是积极老龄化,生理、心理和社会交往的健康状态是其实现的不可或缺的坚实基础。

3. 老年人心理健康是缓解人口老龄化压力,建立和谐社会的需要

我国人口老龄化具有以下特点:① 老年人口比例大且老化速度快,人口结构从成年型到老年型仅花了18年的时间,远快于欧美发达国家。② 人口平均预期寿命提高快,从1949年新中国成立初的不到40岁,上升至2010年74.83岁。③ 存在着较为明显的地区、城乡间发展不平衡的问题。④ 受人口计划生育政策的影响,在人口老龄化

的同时,家庭规模小型化、核心化。⑤ 中国人口老龄化从比例上来看,低龄老龄人口比例较高,但高龄化的趋势也不可轻视。⑥ 未富先老,巨大的老年人口数量给中国带来巨大的挑战。

人口老龄化是人类社会发展的必然规律,是社会经济发展的产物。随着社会中老年人口比例的增加,老年人对养老、医疗等方面的需求也增多,而在家庭日益小型化、核心化以及劳动力人口流动频繁背景下,家庭在提供养老及医护等方面的功能逐步弱化。

国家和社会建立健全社会保障制度,保障老年人基本的生活和健康需求,是弱化人口老龄化可能带来的社会风险,建立代际和谐社会的重要保证。而另一方面,巨大的老年人口数量也是社会的重要财富。实现健康积极老龄化,有利于开发老年人的价值,发挥他们的余热,实现老有所为;同时也可以减轻社会的养老压力,实现社会的良性运行,达到社会和老年人双赢的态势。而这一社会蓝图的实现是以老年群体的健康身体和心理为基础的。

第二节 生活与心理健康

退休后的老年人和中青年人的生活差异变大,如何适应退休后的生活、调适个人的生活节奏?如何面对子女离巢、代际关系的改变?如何面对生活中可能出现的重大变故,如丧偶、重病,以及由此带来的孤独、焦虑、不安等心理反应?本节将详细阐述。

一、退休对老年心理健康的影响及调适

1. 退休对心理健康的影响

现代社会中,老年生活与退出劳动生产领域的退休制度密切相关。现代退休制度的建立,肯定和保障了老年劳动者退出劳动领域,享受社会保障的权利。同时,退休也成为个体社会老龄化的重要标志。退休年龄各国间有一定的差距,总体来说,欧美发达国家的退休年龄普遍高于发展中国家,平均在 65 岁上下。

退休是人生的重要转折点,它意味着个体社会角色的变换,从职业和家庭的双重角色,向单一家庭角色的转变。而个人的生活重心也相应地从职业状态转移到以家庭为中心的生活中。个体劳动者的社会地位很大程度上取决于他的职业地位,进入老年期后,由于职业生涯的中断带来了社会地位下降,基于职业而建立起来的社会关系网络也逐渐中断。此外,退休也意味着老年人从忙碌紧张的工作中摆脱出来,转向更为闲暇的家庭和社会生活中。

老年人,尤其是刚刚退休的老年人常常不能在短时间内适应如此变化的生活状态,而对于退休前后生活差异大的那部分老年人更是如此,比如退休老干部群体。有学者将老年期称为丧失期,工作丧失,生活规律变化,地位丧失,优势丧失,人际关系丧失。而体验这一丧失感最为强烈的阶段就是刚退休时,在心理上表现为孤独感、失落感、怀

旧感、自卑感和抑郁感、心理落差、焦虑和紧张等。这是退休综合征的一般表现,是在退休那一特殊时期,由于退休者生活方式、社会地位等因素的变化而引发的社会适应不良的典型反应。退休综合征的反应不仅有心理不适和障碍,同时身体也会发生一些不良状况。应该说,退休综合征在退休者身上或多或少都有所体现,但是在不同个体身上程度不同,持续时间也各有长短。

2. 老年人的心理调适

从老年人个体来看,不同的个性特点、是否拥有良好的家庭关系和社会关系网络、是否拥有健康的个人兴趣爱好、是否拥有积极向上的心态,以及退休前的职业生活、性别、年龄差异等因素对退休综合征是否出现以及程度如何有着密切的关系。

老年人适应退休后生活的最佳办法是以积极的心态,从退休前在心理和生活方式等各方面提前做好退休的准备,寻找生活中的新兴趣点,建立和维持良好的家庭和社会关系网络。

研究表明,退休者不适应的时间多数在一年或一年半以内,退休三个月内最为明显,两年后绝大多数人能适应了。而社会也应该为退休老年人提供积极有效的政策支持和行动。如一些发达国家实行的弹性退休制度在很大程度上有利于处于退休临界点的老年人更好地适应社会,中国城市社区中为退休老年人回归社区提供的服务项目也值得倡导。

二、家庭生活对心理健康的影响及调适

1. 家庭生活对老年心理健康的影响

家庭是人类生活的基本单位,是基于婚姻、血缘或收养关系的,以共同居住、共同生活为特征的最基本的社会群体。退出劳动生产领域后,家庭成为老年人活动的最主要空间,也是老年人的重要精神寄托。

在不同的社会发展阶段,家庭承载着不同的涉老功能。传统的家庭是多种功能的复合体,承担着如养老、经济、情感、社会化等功能。现代社会中,随着退休制度和社会养老保障制度的不断完善,家庭的部分功能逐步外移,如经济养老功能。

在众多有关家庭的理论中,家庭生命周期理论阐释了从年轻夫妻结婚成家的家庭形成期到家庭消亡期的全过程。工业化前的社会,由于人们的初婚初育年龄普遍较早,生育跨度长,因而空巢和消亡阶段相对要短。而进入工业化之后,社会平均寿命延长,初婚初育年龄推迟,家庭平均子女数减少。退休后的老年生活在家庭生命周期上将可能普遍面临这样几种状况:空巢、丧偶、重病,并且这三个阶段相对时间延长。

不过不同的学者对整个家庭生命周期的划分有一定差别。人口学家邬沧萍将我国的家庭生命周期分为七个阶段,而学者王思斌则分为五个阶段:新婚期、育儿期(从第一个孩子出生到最后一个孩子上小学)、教育期、向老期、孤老期(如图 9-1 所示)。他的划分比较适合解释当代中国独生子女时代的家庭状况。当然这一周期理论只能解释一般家庭周期,而对于丧偶、再婚家庭无解释力。

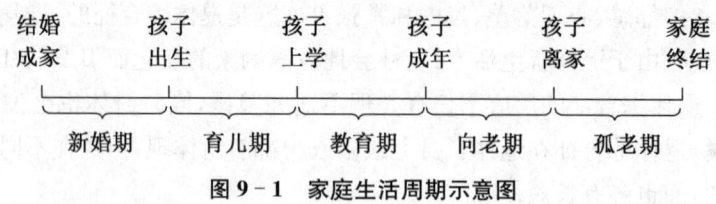

图 9-1 家庭生活周期示意图

(1) 空巢(empty nest)。空巢是指子女成年离开父母家庭,随着子女成家,原家庭分裂为由老年父母组成的夫妻家庭,和一个或多个由子女组成的核心家庭。这一时期,老年夫妻的婚姻关系凸显出来。在我国,空巢阶段大体出现在退休前后,又常常与生理更年期相交织在一起。因此,处于退休节点上的老年人往往受到空巢、退休,及更年期的三重影响。这一阶段,老年人重归二人世界,婚姻中的角色再次发生变动,而夫妻逐步向相互依赖、互惠角色转变。中国人常说,"少年夫妻老来伴"正是如此。随着子女的离巢,夫妻相处的时间增多,中外研究发现老年夫妻间的相互依赖程度增加,表现为生活上互相照顾,老伴常常是最主要的生活照料提供者,在经济上共同承担,在精神上互相慰藉。

当子女组建自己的小家庭后,原有的父母与子女相对简单的亲子关系,也变为两代人之间不同核心家庭之间的关系,可分解为亲子关系、婆媳关系、祖孙关系。现代社会,受人口流动速度加快、人们对隐私及个人生活质量重视的影响,多代同堂可能性降低,而与父母分开居住越来越成为社会的一种发展趋势。我国独生子女政策已经实施了三十多年,第一代独生子女父母已迈入老年人阶段,因此中国低龄的老年空巢家庭中独生子女父母的空巢家庭占一定的比例。有别于西方相对独立的家庭代际关系,中国父母在子女身上寄托了多重情感,尤其是独生子女父母。家庭围绕着"小太阳"转,而当子女离开家庭后,老年人似乎一下子失去了生活的重心。

(2) 丧偶。丧偶是老年期无法回避的问题。虽然人们都明白,老夫老妻总得有一个走在前面,但夫妻风风雨雨相伴几十年,情感上一下子很难接受。大量研究表明,当代社会老年配偶在经济支持、生活照顾,以及精神慰藉方面均发挥着儿女无法替代的作用。而从人口学的角度来看,由于女性的平均预期寿命高于男性,而婚姻生活中又普遍存在着男大女小的现象。因此,到老年期,女性丧偶比例远高于男性。孤独寂寞是老年人(无论男女)丧偶后普遍存在的心理现象。

(3) 重病。由于身体机能的下降,疾病是老年人无法回避的,而重病则会对个人生活产生重大的影响。有研究表明,老年期生活及疾病的主要家庭照顾者是配偶,由于受地理距离、工作压力、经济条件、家庭生活等方面的限制,子女在老年重病期的作用有所减弱。在重病阶段,由于受身体条件的限制,受病痛困扰,老年人行动不便或长期卧床,甚至难以走出家门,因而,他们与外界的交流愈来愈少,与社会的交往有限甚至中断。部分老年人可能还要为生活费、医疗费担忧,因缺乏照护者而不知所措。

2. 老年人的心理调适

(1) 建立和维系和谐的夫妻关系。正如以上所分析的,进入老年期后,家庭成为老年人活动的最主要场所。随着老年人退休,基于职业所建立的社会关系网络逐渐弱化,家庭关系凸显出来。而由于子女离巢,人口流动速度的加快,人们受到对隐私的重视等因素的影响,老年夫妻关系成为家庭关系中最重要的方面。

中年时期,由于夫妻双方忙于工作,心系子女,两人间的矛盾可能被其他方面所掩盖。进入老年期后,夫妻之间性格、兴趣爱好、经济收入、健康水平等方面的差异显现出来。又由于两人长期面对面地相处,可能会因为一件小事激化夫妻之间的矛盾,造成双方间的冷漠,甚至对立。良好的夫妻关系体现在这样几个方面:

① 相互信任。信任体现在各个方面:生活上、经济上、情感上等。信任是建立和维系良好夫妻关系的基础。

② 相互照顾。在生活上、疾病时彼此间互相监护、照顾、体谅,共同承担家务劳动。

③ 相互慰藉。老年人的精神需求是很重要的,而配偶是这一需求的主要提供者,也是主要的倾诉对象。

④ 共享资源。资源包括经济、信息、关系网络等方面。通过资源的共享,为对方提供更多的安全保障,提高生活品质。

(2) 建立新型的亲子关系。在前一部分我们分析了,和传统社会相比,由于两代人的年龄、社会经历、教育背景、爱好、人生需求、生活环境等方面的不同,现代社会的亲子关系出现较大的变化。人们常用"代沟"形容两代人间的关系,而且似乎这条沟越来越不可逾越。建立新型的亲子关系主要有这样两个方面:

① 建立两代人之间的平等信任关系。这一点对于中国的老年人来说可能是一个不小的挑战。受传统文化影响,中国父母与子女之间的关系并非平等的,子女常被视为父母的附属物。而父母则是被视为家长,有着不可置疑的权威。新型平等信任的关系,应该理解为父母应该尊重子女独立的人格,尊重他们的意见和选择;而子女应该尊重和体谅父母。

② 相互理解和支持。两代人需要理解由于不同的成长环境、社会生活背景而形成的不同世界观和生活态度。支持应该体现在经济、生活照护、精神方面。此外,作为年轻的一代也应该成为老年父母文化、信息的提供者,尤其是在当今社会变迁速度加快的信息大爆炸时代背景下。老年人面对瞬息万变的社会感到无所适从,甚至感到恐惧。而子女理应成为主要的文化反哺者,有责任帮助他们的父母平稳地度过老年生活。比如帮助他们如何使用信息时代的手机、互联网和其他信息产品,甚至家用电器产品。

(3) 发现生活新兴趣点,扩大社会交往。老年人需要消除"退休即无用"的消极悲观情绪,发现生活中的新兴趣点,根据自身的实际情况参与到社会中,充实自己的生活。有老年人常年担任交通协管员、引路员,有老年人参加各类文体活动,有老年人选择在自己生活的社区做义工,有老年人利用自己的专长继续为社会服务(如一些退休的医务工作者常年参与各类志愿老少边地区的义诊活动)。扩大人际交往有助于老年人排解孤独感,建立和维系良好的人际关系网络。而良好的家庭及社会人际关系网络又成为老年人获取各类资源、寻求各种帮助的有力支持。

(4) 树立乐观积极的生活态度。乐观积极的生活态度是克服不良消极情绪、能够平静坦然面对生活中出现的变故、保持身心健康的法宝。有研究发现,积极乐观有助于长寿,中国人常说的"笑一笑,十年少"也正是这个道理。情绪乐观是避免悲观、排解烦躁焦虑、对抗心理抑郁的良药。当出现不良情绪时,充分利用自己的社会支持网络,寻求支持,如找家人或朋友聊天,排解苦闷。必要时寻求老年社工人员或专业的心理医生的帮助,调节情绪,顺利地度过心理危机。

第三节 环境与心理健康

每个人都在特定的环境中求得生存和发展,随着人类社会的发展,以及生态环境演变,环境对人们的影响越来越深刻和复杂。环境因素和心理健康关系密切,它对个人的影响往往是长期的、潜移默化的。一般来说,环境由社会环境和生态环境两部分构成。

一、社会环境与心理健康

1. 社会环境

社会环境,是人类赖以生存和发展的社会物质、精神条件的总和。广义上包括整个社会经济文化体系,狭义的仅指人类生活的直接环境。社会环境主要包括社会风气及文化环境、社会保障、社会政策、社会变革等方面。下面我们着重从社会环境对老年人的影响角度来分析。

(1) 社会风气及文化环境。社会风气及文化环境即指伦理道德环境,在这里我们主要讨论社会是否拥有尊老、敬老、和爱老的风气。尊老爱幼是中国文化的传统,我国五千年的历史,以孔孟为代表的孝道文化,提出"大孝尊亲,其次弗辱,其下能养"的思想,在《论语》子游问孝中,孔子曰:"今之孝者,是谓能养。至于犬马,皆能有养,不敬,何以别乎。"从中可以看出,传统孝文化中的"孝"有两个层次:最基本的物质供养和较高层次的尊老敬老。传统中国社会文化中,宗法制度和宗族制度呼应。而文化具有"化人"的功能,特定的社会文化环境都会对个体产生特定的影响。特别是当环境、角色发生变更的时候,个体就会面临更多的文化因素的挑战。这些因素主要包括:① 不同社会结构背景下的价值体系、社会道德规范、行为准则;② 各民族、地区的语言文字、宗教信仰、风俗习惯、生活方式;③ 不同阶层的经济水平、社会地位、职业划分,及教育程度等。若个体对所处的文化环境不能很好地适应,这必然会对个体心理造成不良影响,引起心理上的冲突状况,进而影响到人们的身心健康。

(2) 经济环境。经济环境既指宏观的社会整体经济状况,也指微观的个体家庭的经济情况,这两方面是相互作用的。宏观层面上的经济环境包括社会整体的经济发展水平、就业水平和失业率等。当经济处于繁荣上升态势时,个体获得的就业机会增加,对失业的恐惧减小,个体及家庭的经济安全感增强。而当经济处于下行低迷态势时,失业的压力可能使得很多人心理健康出现问题甚至恶化。而经济状况不佳对老年人来讲,意味着缺乏稳定的、有保障的老年经济来源,以及获得基本医疗服务的可能。这造成老年人心理紧张、不安全感增强。

(3) 社会保障。工业化社会以来,家庭的养老功能不断弱化。从19世纪末在德国首次出现社会化的养老保险以来,尤其是第二次世界大战结束后,社会养老金在更多国家的普及是老年人生活及心理安全的重要保障。社会保障是为老年人提供的基本经济收入,从国家而非家庭子女处获得一份稳定的、可以保证退休后基本生活的养老金是老年人能安度晚年的物质基础。医疗保障则是对老年人健康的保护,是预防、治愈疾病以及康复的保证。而老年社会救助是为贫困及低收入老年人提供最基本的经济支持。此外,有些国家针对老年人的社会保障项目还涉及教育、住房、服务等。社会人均寿命的延长并不一定代表健康的延长,根据世界卫生组织的资料,我国老年人的平均预期健康寿命只有60岁多点,也就意味着他们此外十几年的寿命可能受各种疾病困扰,甚至失能和半失能。根据中国国家统计局的数据,老年人常见病主要有高血压、心血管疾病、呼吸系统疾病、关节疾病等。而我国大力发展的以社区养老服务为重点的各类养老服务将在一定程度上惠及老年人及其家庭。

(4) 社会政策。社会政策指的是国家和社会是否拥有完善的政策和法制,保障老年人的合法权益,以及为老年人可能提供的免费或低费生活、医疗、保健、娱乐、教育等方面的服务政策。新中国成立以来,最具有典型意义的、专门的老年社会政策应属两部老年人权益保障法的颁布和实施。1996年首部《中华人民共和国老年人权益保障法》(简称"老年法")颁布,共六章50条款,主要是对老年人生存性需求的保护。随着社会及经济的进步,人口老龄化的加剧,老年人的需求呈现出多样化的特点,2012年第二版的《中华人民共和国老年人权益保障法》正是这种社会需求的法律体现。与1996年版"老年法"相比,新版"老年法"增加了社会服务、社会优待、宜居环境三章,内容增加到九章85条。再如自20世纪90年代以来,"老有"的政策内容不断在丰富和完善,至今已提出了"六个老有",即老有所养、老有所医、老有所学、老有所教、老有所为、老有所乐,体现老年人较低层次的经济需求和医疗需求,到较高层次的自我实现的需要。

(5) 社会变迁。社会变迁指包括渐进的社会改良和突发性的社会革命在内的一切社会结构和层次的变化。其包括的内容很多,如人口变迁、经济变迁、价值观念变迁、科学技术变迁等方面,其中最重要的社会变迁是社会制度的变革。当前,中国处于深度社会转型期和社会变迁期,表现为体制转型、社会结构变动和社会形态变迁。而这样的变迁,已经渗透进我们生活的方方面面。对老年人来说则意味着面临"较大风险的社会",因为他们过去生活所习以为常的价值体系、行为规范、社会制度或多或少发生了变化。这对老年人提出了不小的挑战,需要他们改变观念、调整心态,化被动适应为积极主动地适应社会环境的变化。此外,有学者研究提出,老年人可以适当回避难以适应的特殊环境,也即所谓的"文化休克疗法",是指回避那些老年人不太适合参加的活动,如过分刺激冒险的,建议他们量力而行,降低和避免由此而产生的心理过度刺激。正如社会上不少人对于部分老年人热衷于炒股有颇多争议,有人指出尽管股市的回报率较高,但其瞬息万变、高风险及波动不适合老年人。

二、生态环境与心理健康

生态环境包括自然环境如地理环境、气候条件、温度等,以及人工环境和人为环境如空气污染、噪声污染、水污染、放射性污染等。前者是原生环境,而后者则是次生环境,即由人类活动所引起的。生态环境对人类的心理健康是有一定影响的,良好的生态环境如适宜的地理环境、舒适的气候条件和温度有利于人的心情舒畅、放松,情绪稳定。中国著名的长寿村的老人就是生活在这样的生态环境中。有学者研究发现,在人口密集区,住房拥挤、生活环境较差的地方,容易出现焦虑、紧张、颓废,甚至精神分裂等症状。

营造有利于老年人身心健康的生态环境,不仅仅需要关注他们所生活的原生及次生环境,同样也应关注他们所生活的微观社区及家庭居住环境。诸如社区规划中的道路、设施是否有助于老年人生活,老年人的家庭居住条件及设施是否安全和便利等。良好的宏观及微观生态环境首先为老年人营造心理安全感,让他们感到心情舒适,有助于情绪的稳定,降低由不良环境产生的焦虑、多疑、易怒、不安,以及抑郁和慢性疲劳综合征等。

第四节 心理偏差与疏导保健

心理失调是指人的心理活动偏离正常,表现为过激或不足,以及心理活动异常。依据心理失调程度的不同可分为心理偏差和心理障碍。心理偏差是正常人或多或少都可能发现的轻度心理失调,是指个体或群体存在偏离大多数正常人所具有的心理行为的某些现象。心理障碍则要严重得多,我们将在下一节中详细分析。

不同年龄群体出现的心理偏差有一定的年龄层特点。依据前面几节的分析,我们可以归纳出老年人常见的心理偏差有:否定自己、固执己见、心理焦虑、封闭自己、恐惧心理。

一、常见的老年心理偏差

1. 自我否定

否定自己,与老年人的自尊感和自卑感的共存密不可分。自尊表现为老年人希望得到他人的尊重,维护自己的荣誉和尊严。自尊主要源于个体的社会地位和关系网络,而老年人退出职业领域在很大程度上削弱了他们的社会地位以及与社会的联系。自尊也源于老年人的权威心理,诸如要求晚辈听话和服从。当老年人的自尊感不能得到应有的满足时,便产生心理落差,则可能会走向另一个极端——自卑。自卑感是一种消极负面的情绪,它常常抑制老年人的自信心,使人感到悲观,怀疑甚至否定自身的生存价值。自卑感往往使得老年人自我否定、自我封闭、自我退缩。

2. 固执己见

常有人对持这样心理的老年人称作"老顽固",尽管这称呼不礼貌,却在一定程度上描绘出老年人心理状态的改变。老年人的固执己见表现在:① 不接受或很难接受新事物、新知识、新观念,难以认识和适应变化的社会生活环境。有着这样心理的老年人常常追忆过去的时光,认为过去的总比现实中的好,甚至否定现在,充满怀旧感。就如鲁迅笔下的九斤老太,总感慨"一代不如一代"。② 以自我为中心,常常认为自己说的做的都是对的,常以自身所持有的人生观价值观来判断他们和社会,同时也担心权威被挑战。③ 过度地固执己见就会走向偏执,那就需要专业的心理治疗了。

3. 心理焦虑

心理焦虑是老年人普遍存在的一种心理偏差,只是在不同老年人身上程度不同而已。例如健康出现问题、生活环境的改变、经济状况不好、家庭关系不和谐等生理和生活的改变都有可能引发老年人的心理焦虑问题的出现。而退休后产生的孤独感、寂寞感、无用感是导致心理焦虑的主要因素。当心理焦虑现象出现时,老年人表现为易敏感、易激怒,而当心理焦虑达到较为严重的程度时,则成为焦虑症。

4. 封闭自己

退休后老年人的社会角色发生了变化,空闲时间增多,如果生活中无法找到新的内容、新的兴趣点来填补,加之子女离巢、疾病困扰、社会交往减少、家庭变故、对新鲜事物产生恐惧与抗拒时,易造成老年人的空虚和孤独。封闭自己表现为沉默寡言、不愿与他人甚至家人相处、对周围事物丧失兴趣,进而可能封闭自己、隔绝与外界的联系。这种心理偏差是导致抑郁症的主要原因之一。

5. 恐惧心理

恐惧心理也是老年人常见的心理偏差。老年人的这种心理偏差主要源于:① 对于新事物无法掌控,无法适应新环境而产生恐惧心理。当代社会已经进入信息时代,当年轻人热衷于网络、手中不离PAD、购物刷卡时,中国的多数老年人却不知道如何使用电脑、仍然在银行排队取款,有些老人甚至害怕使用家用电器。② 疾病及死亡恐惧。进入老年期,个体的生理机能减退,不可避免地易患上各种慢性疾病,给晚年生活带来诸多不便。而体弱多病又常常让老年人与死亡相联系起来,常表现出焦虑、惊恐、睡眠障碍等。

二、老年人心理偏差的疏导方法

老年人或多或少会有这样或那样的心理偏差,这并不可怕,关键是如何对他们产生的偏差进行有效的疏导保健。老年人常见的几大心理偏差是相互关联、相互影响的,当一种偏差出现时,极易引发其他偏差的出现。因此疏导保健是对老年人整体心理的积极和适度的调节。老年人心理偏差的解决仅仅靠老年人自身可能是不够的,同时需要老年人的家庭(包括配偶、子女及其他家庭成员)、社会(如社区、涉老服务机构)、政府的积极引导,充分发挥老年人自我能动性,解决出现的心理偏差问题。

1. 老年人的自我疏导

(1) 树立新的人生价值,建立良好的家庭和社会关系网络。退休后的老年人容易失去生活的方向,因此,老年人自身需要积极寻找生活的新兴趣点,多与家人沟通,走出家门,加强人际交往,发现生活的意义。

(2) 善于接受新鲜事物,从家人包括配偶、子女,甚至孙子女处,从朋友、从生活的社区中,以及其他可能的渠道获取新信息,学习掌握信息时代要求的基本生活技能。

(3) 正确认识生命历程,平静地对待生活中可能出现的变化,如空巢、丧偶、重病等。保持积极的心态,学会自我排解不良情绪,充分利用身边的有效资源,获取精神支持力,发现排解不良情绪的安全阀。

(4) 确立生存与死亡的意义。只有对死亡有着充分的思想准备,树立乐观、不逃避的心态,才能从容地面对重病和死亡,才可以不恐惧。同时也才能够真正认识生命的意义,珍惜活着的时光。一些发达国家从儿童时期就开展死亡教育,帮助人们正确理解生命的价值,正确面对死亡,这是很值得中国人学习的。

2. 老年工作者对老年心理偏差的疏导

对老年人心理偏差进行正确有效的疏导保健,首先需要理解和掌握老年人的心理特征和需求。总体来说,老年人的心理需求主要有这几方面:安全需求、健康需求、尊敬需求、支持网络需求等。

从工作方法来讲,老年社会工作中个案及小组工作方案是行之有效的工作方法。无论是哪种工作方法,都要求老年工作者走进老年人、耐心倾听老年人的真实想法、共情即深入体验他们的内心感受、识别产生心理失调的原因、通过对老年人及其生活的充分认识寻找解决问题的积极方案,并给予支持,帮助老年人发现自身环境的积极因素,努力通过自身的能力解决问题。

第五节 心理障碍与治疗

心理障碍是个体由于生理、心理或社会因素引发的,在特定情境和特定时段由某种或某些不良刺激而引起的各种心理异常现象。心理障碍是个体没有能力按社会所认为适当的方式行动,以致其行为后果对本人或社会来说是不适应的。心理障碍和心理失调有着质的区别,心理失调是普遍存在的,可以通过自我和他人的疏导加以调适;而心理障碍则严重得多,需要通过专业的治疗才行。

老年人可能出现的心理障碍主要有:强迫症、焦虑症、恐惧症、疑病症、抑郁症。当这些症状发生时常常诱发生理和心理并发症。

一、常见的老年心理障碍

1. 强迫症

强迫症是焦虑障碍的一种类型,是以强迫思维和强迫行为为主要特征的心理疾病。这种心理疾病并非老年人所独有,但是在老年期有着特殊的表现和产生原因:① 强迫性心理,诸如患者强迫自己反复思考、回忆过去。比如常常纠结于某事中而不能自拔。持续非理性的恐惧或疑虑,如总认为什么事情要发生;② 强迫性行为,诸如出门反复检查有没有锁门,有没有关煤气;无意义地囤积东西等。曾经有新闻报道,有位老年人去世后,发现她居住的单元房中堆满了捡来的各类垃圾,屋内只剩下可睡觉的地方。可以说,强迫症和焦虑症常常相伴相生,患者明知是不合理的,但不得不做。老年人强迫症与其日渐缩减的人际交往,以及生活的各种变故等因素密切相关。

2. 焦虑症

焦虑常常会发生,但当焦虑的严重程度和客观事实或处境明显不符合,或持续时间过长时,则是焦虑症,也即病理性焦虑,也称为焦虑障碍。在上一节心理偏差与调适中我们分析了心理焦虑产生的原因和主要表现。患有焦虑症的老年人的依赖感常常无意识地增强,对特定的人、事件产生依赖感;常常无端担忧,但不现实,成语"杞人忧天"是这种心理问题的写照。焦虑患者最为极端的行为是自我终结生命。

3. 恐惧症

基于前一节的心理恐惧分析,老年人的恐惧症表现是多方面的,如社交恐惧、疾病恐惧、死亡恐惧、食物恐惧、事物恐惧等。患者对某些特定的对象或处境产生强烈的和不必要的恐惧情绪,而且伴有明显的病态焦虑,并主动采取回避的方式来解除这种不安。例如不少老年人热衷于各类养生,但有老年人走向了极端,害怕胆固醇增高而不敢吃鸡蛋,害怕吸入过高的蛋白质和脂肪而不敢吃肉食,害怕农药和土地污染而不敢吃蔬菜。患者明知这种情绪不合理却无法控制,以致影响老年人的正常生活。

4. 疑病症

疑病症指患者担心或相信自己患有某种或多种严重的生理疾病,患者反复就医,但仍不能打消其疑虑,整个身心被由此产生的疑虑、烦恼、恐惧所占据。发病时间长时,常常伴有抑郁和焦虑。在本章开篇案例中介绍的李叔就是这一病症的典型案例,他怀疑自己患上了事实上并不存在的疾病,医生的诊断和各种医学检查均不能消除其疑虑。

5. 抑郁症

抑郁症在各年龄群中都有发生,显著而持久的心情低落为主要临床特征,表现为较易于悲痛欲绝、自卑抑郁、意志力减弱、悲观厌世,甚至有自杀的企图或行为。患有抑郁症的老年人对生活缺乏兴趣,提不起精神,整日郁郁寡欢,离群索居,感到度日如年的三无状态,即无望、无助、无用。老年人的抑郁症常与他们无法接受生活中的变动,如丧偶、空巢、重病等有着密切的关系。

二、常见的老年心理障碍的治疗

心理障碍的治疗不同于心理偏差,需要专门医疗机构的介入。这里就不一一介绍。一般来说,心理障碍的治疗手段主要有药物治疗、心理治疗、物理治疗、环境治疗等。但是,研究也发现真正患有各种心理障碍的老年人比例并不高,因此,老年工作者应将工作重点更多地放在预防此类心理疾病的发生上。

第六节 老年认知障碍及关爱策略

[案例] 吴妈妈93岁,患了老年认知障碍并已进入晚期,生活不能自理,情绪暴躁,神志不清,像一个婴儿,24小时不能离人,已经不再年轻的儿子日夜守护着。一天,儿子推着母亲到楼下晒太阳。路边的空地上,一些老人在音乐的伴奏下跳舞扭秧歌。听着优美动听的乐曲,儿子惊奇地发现,母亲突然变得安静了,脸上还浮现出久违的笑容。他突发奇想说:"妈,我给你唱歌吧。"他刚唱了一句,母亲就安静了下来;他继续往下唱,母亲目不转睛地望着他,而且

图9-2 美妙的音乐

变得柔顺极了,浑浊的目光也一点一点清明起来,精神状态有了很大改观。最后,母亲竟像陶醉了一般,头枕在他的胳膊上,静静地睡着了。从那以后,不管是在家里还是在外面,只要母亲一闹腾,儿子就给她唱歌,她就能很快安静下来,并且静静地睡去。为了母亲能多睡一会儿,睡得好一些,他就不停地在她的耳边唱,这一唱就是3年啊!他唱出了一个普通人的"孝"字,也唱出了治疗老年认知障碍的希望!

一、老年认知障碍的基本概念、表现及危害

在人类众多疾病中,有一类疾病叫作神经退变性疾病,病变主要发生在大脑中。发生在大脑中的一种主要涉及记忆和认知的神经退变性疾病叫作老年认知障碍。在所有的老年认知障碍中,阿尔茨海默病(也可以简称为AD)是其中的一个大病种,约占全部老年认知障碍发病率的60%以上。

老年认知障碍会严重影响患者的大脑神经,以至于会严重影响患者的日常生活和工作。一般认为,患者会出现明显的思维能力的下降。实际上除此以外,还会有诸多可见的显著表现,比如:① 大多数患者都会出现语言障碍问题,语言障碍首先表现出来的就是明显的找词困难,随后对常用物品名称和朋友的名字也出现命名不能,甚至还会出现错语;② 随手乱放物品。患者常会将物品放在不恰当的位置,或将很多废品如废纸、

布头当作宝贝珍藏;③ 患者还会出现一些行为异常的表现,整天呆坐,生活懒散或无目的外出,流落街头,夜间无故吵闹而影响家人休息;④ 计算能力减退,连买菜的小账都算不清,买了东西不给钱或是给了钱不拿东西;⑤ 失去主动性。常会变得比原来懒惰,不愿参与任何活动甚至是原来喜欢的活动,对人也不热情。

二、老年认知障碍的生理机制

阿尔茨海默病(又称老年认知障碍)具有两大病理特征,一是在大脑皮质和脑海马区的细胞外形成大量的淀粉样蛋白(β-amyloid,Aβ)沉积,称为老年斑(Senile Plaques,SP);二是在大脑皮质和海马的神经元细胞内形成以重要结构蛋白的 tau 蛋白(tau proteins)为主要成分的神经纤维缠结(Neurofibrillary Tangles,NFT),另外,出现胶质细胞(Glial cells)的炎症反应和大量神经细胞消失。在阿尔茨海默病人的大脑尸检中可见大脑明显萎缩、沟回增宽、脑室扩大和重量减轻,神经组织结构和功能发生严重破坏。从而使其中枢神经系统功能受到严重的不可逆转的损伤。

三、老年认知障碍的自我预防

曾经有人认为,年轻时用脑过度,老了后容易认知障碍。这种观点是十分错误的。实际上,人在年轻时学的知识越多,越喜欢思考问题,那么他的大脑便越健康,到年龄大了以后,患痴呆的风险就越低。因此,大脑是越用越聪明的。

有研究显示,老年认知障碍与长期精神忧郁有关,所以老年人尤其要注意保持良好的心态。有的老人因腿脚不方便而很少与人交流,性格就会渐渐变得孤僻,遇到矛盾容易发怒或生闷气。所以首先,老人要常常与别人沟通,遇到不愉快的事情要冷静应对,保持良好的人际关系,不要总是唉声叹气。其次,老年人应该培养自己的爱好,多读书看报,或者练习书法、乐器。那些担心年龄大了记忆力下降的老人,完全可以通过常用脑来改善记忆。再次,运动对于老人是极其重要的。老人要尽可能做一些适合自己身体特点的运动,比如:每天练练太极拳、慢跑、散步,每天睡觉前活动活动腰腿、按摩一下脚底等,对身体都有很大好处。另外,老人还可以经常做做手指操,经常做做十指指尖的细致活动,如手工艺、写字、绘画、雕刻、制图、剪纸、打字、弹奏乐器等,按摩头部也能使大脑血液流动面扩大,促进血液循环,预防认知障碍。众多实例告诉我们:但凡长寿的老人或是坚持一定量的体力劳动,或是坚持一定量的脑力活动,这种持久且适量的活动,不但能促进血液循环及新陈代谢,还能加强神经系统的活动,提高调节能力,从而有利于防止或延缓智力衰退。

四、老年认知障碍的关爱策略

1. 语言障碍的关爱

老年人一旦由于认知障碍而产生了语言能力障碍,在理解他人语言和表达自身想法时就会存在一定困难,从而更容易产生急躁、焦虑和沮丧的情绪。这时候作为家人、护理者更应该以百倍的耐心和相应的策略来加以应对。落实到具体细节,以下一些建议可供参考使用：

（1）在与老年人交谈时应尽可能降低周围环境的干扰，比如：将电视和收音机的声音调至最低，谈话前要叫他的名字以引起他注意等。

（2）与老人的交谈内容要正面、直接，比如要直接说"你的儿子大伟……"，而不要仅用"他"来代替；对于地点，不要简单说"在那"，而应该具体说"在床上""在桌上"等。

（3）用简单易懂的词语，和老人最好一次只说一件事情，最好只需老人回答"是"或"不是"，给他足够的时间回答问题。若在某些场合老人不愿交谈或表现出不耐烦情绪，要切记立刻停止交谈，等他情绪稳定并愿意合作时再谈。

（4）当老人想不起某事、某人姓名或者想努力表达一个意思时，可以给他一些提示，以减轻他由此产生的挫折感。若实在没听懂老人的话，你也不要假装听懂，可观察病人情绪、动作，借用手势等非语言方式来弄懂他的意图。

（5）对老人说话要温和，语速要慢，可通过动作不停地传递出对他的关注。比如：无论说话还是聆听，你最好都应与他保持眼神接触，也可握着对方的手或手臂。

（6）若老人说的事情是错的，不要与他争论，应给予适当的安慰和解释。例如：老人说东西被人偷了并坚信此事时，可以对他说"我知道您不高兴了"，使老人感到他自己确实得到了理解。

2. 思维障碍的关爱

认知功能障碍是老年认知障碍人最主要的临床症状，常表现为记忆力、定向力、思维能力、注意力等方面的下降。对于记忆障碍的老人，应为他们强化记忆训练、认识现实的环境；多给他们进食含磷脂、乙酰胆碱的食物，如鸡蛋、鱼、肉类；多食坚果、牛奶、麦芽等，有助于核糖核酸补充入脑内，提高记忆力。

对于老年认知障碍人思维障碍的护理应多多给予语言刺激，对他们多关心、体贴，多与其沟通，寻找他们感兴趣的话题。对有妄想的老人，护理人员要稳定他们的情绪，分散注意力，尽快将其引导到正常的情境中。

心理关爱小贴士

老年人的心理健康是身心全面健康的重要方面，也是当今社会建设健康积极老龄化社会的重要基石。研究发现老年人的生活中的重大事件诸如退休、家庭生活的各种变故都是影响他们心理健康的重要因素。此外，社会及生态环境也对老年人的心理产生影响。心理偏差是老年人常见的心理现象，如否定自己、固执己见、孤独寂寞、心理焦虑、恐惧心理等，但是可以通过自我疏导或是他人的帮助得到缓解或解除。而对于老年人自身来说，以下五方面都是行之有效的措施：

① 树立新的人生价值；② 善于接受新鲜事物；③ 建立和维系正常的家庭和社会关系网络；④ 正确认识生命历程，平静地对待生活中能可出现的变化；⑤ 确立生存与死亡的意义。

▶ **关键术语** ◀

健康、心理健康、心理偏差、心理障碍、强迫症、焦虑症、恐惧症、疑病症、抑郁症

▶ **分析思考题** ◀

1. 什么是健康？什么是心理健康？
2. 老年人心理健康的标准有哪些？
3. 老年人心理健康的意义是什么？
4. 退休对老年人心理健康的影响体现在哪里？
5. 家庭生活对老年人心理健康的影响体现在哪里？
6. 社会环境对老年人心理健康的影响是什么？
7. 生态环境对老年人心理健康的影响是什么？
8. 常见的老年心理失调有哪些，如何调适？
9. 常见的老年障碍有哪些？

附 录

 1. 老年人能力评估规范

 2. 极早期认知障碍症筛检量表

 3. 抑郁自评量表

 4. 焦虑自评量表

参考文献

[1] Gergen K,Gergen M. Betty White:Facing age with a saucy wink[J]. Positive Aging Newsletter,2012(1).

[2] 郭爱妹,石盈."积极老龄化":一种社会建构论观点[J]. 江海学刊,2006(5).

[3] 长谷川和夫,霜山德尔. 老年心理学[M]. 车文博,等译. 哈尔滨:黑龙江人民出版社,1997.

[4] 吴振云. 老年心理健康的内涵、评估和研究概况[J]. 中国老年学杂志,2003,23(12).

[5] 陈向明. 质的研究方法与社会科学研究[M]. 北京:教育科学出版社,2000.

[6] 程学超,王洪美. 老年心理学[M]. 济南:山东教育出版社,1986.

[7] 许淑莲. 我国老年心理学研究进展[J]. 中国老年学杂志,1989,9(6).

[8] 时蓉华,张登华. 老年心理学[M]. 兰州:甘肃人民出版社,1989.

[9] Sarafino E P. 健康心理学[M]. 胡佩诚,等译. 北京:中国轻工业出版社,2006.

[10] 杨鑫辉. 文化—养形调神的心理健康理论与实践[J]. 南通大学学报(教育科学版),2005,21(2).

[11] 谭咏风. 老年人日常活动对成功老龄化的影响[D]. 上海:华东师范大学,2011.

[12] 陈社英. 积极老龄化与中国:观点与问题透视[J]. 南方人口,2010(4).

[13] 杨莉萍. 社会建构论心理学思想与理论研究[D]. 南京:南京师范大学,2004.

[14] 董纯才. 中国大百科全书·教育学[M]. 北京:中国大百科全书出版社,1985.

[15] 吴天敏. 论智力的本质[J]. 心理学报,1980(3).

[16] Sternberg R J,Conway B E,Ketron J L, et al. People's conceptions of intelligence[J]. Journal of Personality and Social Psychology,1981(41).

[17] 武欣,张厚粲. 创造力研究的新进展[J]. 北京师范大学学报(社会科学版),1997(1).

[18] Wechsler D. The measurement of adult intelligence[M]. Baltimore, Md:Williams & Wilkins, 1944.

[19] Schaie K W. Manual for the Schaie-Thurstone Adult Mental Abilities Test[M]. Palo Alto, CA:Consulting Psychologist Press,1985.

[20] Horn J L, Cattell R B. Refinement and test of the theory of fluid and crystallized intelligence[J]. Journal of Educational Psychology,1966(57).

[21] Baltes P B, Willis S L. Plasticity and Enhancement of intellectual functioning in

old age[M]. Aging and cognitive processes. New York：Plenum，1982.

[22] Schaie K W. Intellectual development in adulthood：the Seattle longitudinal study[M]. New York：Cambridge University Press,1996.

[23] Baltes P B, Baltes M M. Successful aging：perspective from the behavioral science[M]. New York：Cambridge University Press,1982.

[24] Eysenck H J, Arnold W, Meili R. Encyclopedia of Psychology[M]. NewYork：Herder and Herder,1972.

[25] Salthouse T A. A theory of cognitive aging[M]. Amsterdam, the Netherlands：North Holland,1985.

[26] Cronbach L J. Essentials of psychological testing[M]. New York：Harper and Row,1970.

[27] Catharine R G, Walton S, Christopher N M. Foetal and postnatal head growth and risk of cognitive decline in old age[J]. Brain,2003,126.

[28] 程学超.老年人智力初探[J].山东师范大学学报（人文社会科学版）,1986(5).

[29] Happe F, Brownell H, Winner E. Acquired "Theory of mind" impairments following stroke[J]. Cognition,1999,70(3).

[30] Wechsler D. The measurement and appraisal of adult intelligence [M]. Baltimore：Williams & Wilkins,1958.

[31] 周建初,黄素珍.影响老年人智力评定的相关因素分析[J].中国康复医学杂志,1994(6).

[32] Fabrigoule C, Letenneur L, Dartigues J F. Social and leisure activities and risk of dementia：a prospective longitudinal study[J]. JAGS,1995,43(5).

[33] 樊旭辉.影响老年人智力和生活能力的心理社会因素分析[J].中国健康心理学杂志,2005(4).

[34] 滕建荣,洪鸣鸣.老年人智力和生活能力的影响因素分析[J].中国心理卫生杂志,2003(2).

[35] 林崇德.发展心理学[M].杭州：浙江教育出版社,2002.

[36] 张华俭,张艳.认知功能训练促进老年痴呆症患者智力的恢复[J].中国临床康复,2003(9).

[37] 时蓉华.社会心理学[M].杭州：浙江教育出版社,1998.

[38] James W. Psychology [M]. Cambridge, MA：Harvard University Press,1890.

[39] McDougall W. An introduction to social psychology[M]. Boston：John W. Luce & Co,1926.

[40] Hebb D O. Organization of behavior[M]. New York：Wiley,1949.

[41] Berlyne D E. Conflict, arousal and curiosity [M]. New York：McGraw-

Hill，1960.

[42] Dweck C，Leggett E. A social-cognitive approach to motivation and personality [J]．Psychological Review，1988，99.

[43] Maslow A H. Toward psychology of human being[M]．Princeton：Van Nostrand，1968.

[44] Michael G M，Troy L T，Alan S N. Sleep disorder in the elderly[J]．Am J psychiatry，1998，145.

[45] 刘会玲,张瑞丽. 老年人睡眠质量的研究进展[J]．中国老年学杂志,2009(5).

[46] 张跃萍,朱旭红,牛启家. 浅谈老年人性保健[J]．卫生职业教育,2006(18).

[47] 张爱军. 老年人性观念的误区[N]．中国医药报,2001.

[48] 杜荣,黄丹钦,陈如程,等. 老年人性行为与身心状况初步研究[J]．公共卫生与预防医学,2010(2).

[49] 杨丽珠,刘文. 毕生发展心理学[M]．北京:高等教育出版社,2006.

[50] 胡君辰. 在退休老年人爱好心理的若干方面代间认识差异的初步研究[J]．心理科学,1986(6).

[51] Mc Celland D C，Atkinson J W，Clark R W，et al. The achievement motive [M]．New York：Appleton-Century-Crofts，1953.

[52] 李孝明,汪凯,谢宇. 离退休老年人竞争态度与成就动机、心理控制源、马氏主义关系的中介分析[J]．中国老年学杂志,2012(5).

[53] 索宁. 退休的社会心理问题——在退休年龄继续参加劳动活动的动机[J]．国外社会科学文摘,1986(6).

[54] 朱正威,刘慧君,肖群鹰. 中国退休返聘公共政策环境分析[J]．西安交通大学学报(社会科学版),2005(2).

[55] 梁修,胡青梅,王立利,等. 农村老年人从事运动休闲的动机、参与因素与休闲效益的探究——以巢湖市半汤力寺村老年学校为个案[J]．巢湖学院学报,2012(3).

[56] 齐莉莉. 城市老年人休闲动机研究——以芜湖市为例[J]．经济研究导刊,2011(8).

[57] 曹会娟. 秦皇岛老年人旅游动机及影响因素研究[D]．哈尔滨:燕山大学,2012.

[58] 付业勤,郑向敏. 三亚老年旅游者动机及旅游体验研究[J]．海南师范大学学报(自然科学版),2011(4).

[59] 魏来,章杰宽. 老年人旅游动机及其旅游景点选择偏好研究[J]．经济研究导刊,2010(18).